商學院沒教的30堂創業課

解決創業過程的共同困擾！

- **股權結構** 新創與投資人如何分配股權？
- **人才** 如何尋才留才、如何激勵員工？
- **募資** 何種投資人對公司最有幫助？
- **行銷** 怎麼在市場中開闢出藍海？……
- **購併** 購併或被購併時如何議價？

釐清決策背後的眉角，事前避開問題，讓創業之路更順暢！

國棟 × 徐谷楨
著／口述　採訪整理

目錄
CONTENTS

推薦序　成功創業家的無私分享／何飛鵬　7

推薦序　以豐富的經驗，助創業者解決棘手問題／李育家　9

推薦序　為創業者提供立即且實際的幫助／李紹唐　11

推薦序　深入淺出，解析創業過程的重要議題／楊立昌　13

推薦序　商學院沒教的經營智慧／顏漏有　17

自序　分享我的實務經驗，幫助你創業、經營　19

第一章
資金：股權結構、募資　25

1 哪種類型的投資者與你最速配？　27

2 募資七大心理建設　35

3 減少股權被稀釋的五種合理訴求　44

4 募資開價別嚇跑投資者　51

5 募資簡報要點　59

第二章

成長：購併、上市櫃 67

1 溢價購併反而獲利更多 69

2 廣義購併的五種形式 77

3 購併討價還價的藝術 84

4 購併的細節 94

5 上市櫃優缺點分析 100

第三章

人才：選才、用才、育才、留才 105

1 選才：高階主管親自面試的七大好處 107

2 用才（一）：創造平台，適才適所 115

3 用才（二）：跳出框框，善用組織人力 129

4 用才（三）：大膽啟用，捨得淘汰 136

5 用才（四）：提升效能，活絡組織 144

6 育才：十大關鍵思維 153

7 留才（一）：激勵面面觀——周全的紅利獎金制度 164

8 留才（二）：乾股轉換獎金，留住好人才 177

第四章

財務：透視損益的真諦 183

1 實施 P & L 的五部曲 185

2 面對 P & L 常見的迷思 194

3 掌握 P & L 精髓的正確思維 203

4 P & L 的靈活應用 210

第五章

創新：商品、服務、行銷、通路 213

1 多一小步創新服務模式：加值服務，延伸商機 215

2 多一小步創新元素解析：解決痛點，創造多贏 220

3 體驗式行銷及非典型通路：被動轉主動，翻轉命運 225

4 體驗式行銷及非典型通路解析：Uber 共享模式 229

5 商品：換個角度，紅海變藍海 236

6 商業模式創新 242

結語　創業感悟與心法 249

1 創業人生十大體悟 250

2 心想事成的五大心法 262

 成功創業家的無私分享

何飛鵬／城邦媒體集團首席執行長

　　曾國棟先生是一位非常成功的創業家。1980 年白手起家，與友人共同創辦了友尚公司，2000 年成為台灣第一家上市的電子零件通路商。2009 年，友尚的營收突破新台幣 1000 億元，並在 2010 年加入大聯大控股公司，成為全球最大的電子零件通路商，2018 年的營收超過新台幣 5400 億元。曾董事長的公司從新創成長到集團，對創業各面向的流程和實務都有非常豐富的第一手實戰經驗。

　　因創業之前的工作經歷，有感於當時的老闆沒有傾囊相授，公司又缺乏完整的教育訓練體系，因此他立志要將知識與經驗盡力傳授，幫助有心學習者。近年來，他在中小企業總會、全國創新創業總會（原青創總會）、《數位時代》AAMA 台北搖籃計劃等組織，擔任業師，輔導新創與各種企業，也受邀四處演講。

　　本書結集了曾董事長四十年來的經驗，從股權結構、如何募資、人才的選育用留，到商品、通路、服務的創新，以及購併的議價、上市櫃的優缺點分析等，不藏私地公開創業

家的密技。相關內容已經在各組織與單位多次分享，實際幫助新創業者、企業主與主管們解決許多問題，這是最適合創業家仔細研讀的書。

推薦序 以豐富的經驗，
助創業者解決棘手問題

李育家／中小企業總會理事長

> 「一個人的價值，應該看他貢獻什麼，而不是取得什麼。」
> ——愛因斯坦

　　人生中往往會面臨很多抉擇、承擔的時刻，在我的心裡一直有個座右銘：「服務愈多、貢獻愈多，收穫就會愈多。」所以從我接掌中小企業總會理事長職務以來，便一直兢兢業業，努力熟悉、適應這項職務與責任。因為這樣的心態與承擔，我得到滿滿的心靈回饋，也更清楚中小企業的需求，並認識多位志同道合、有心為中小企業奉獻所知所學的先進，曾董就是這樣一位樂於付出、分享的企業家。

　　曾董與本會結緣多年，從本會執行經濟部中小企業處的創業A+行動計畫起，他便受本會邀約並擔任創業總導師。他一直是個很熱心、很主動想幫助年輕人的優秀企業家，更由於彼此的理念都是想為中小企業貢獻一己之力，所以我對曾董一直都是很尊敬景仰的。這一次曾董願意將他在擔任創業導師之際，將他的輔導經驗系統化整理並出書嘉惠創業

者，我非常樂觀其成。

我自己也是中小企業主，所以我知道中小企業在創業的過程中，如果能有一位豐富經驗的導師在一旁引領，可以少走很多彎路，更是一件非常幸福的事。這本書幾乎囊括了創業者在發展事業過程中，容易感到困惑的各種狀況，並且用淺顯易懂的實例來讓大家了解，當遇到這些問題、瓶頸甚至是誘惑的時候，正確的態度跟解決方案是什麼？針對很多創業時常見的棘手問題，曾董也提出了獨到的見解，真的是一位有經驗的智者才能擁有的真知灼見。

這本書裡，有著一位優秀企業家畢生經歷的菁華，以及遇事時的思考方式、邏輯，這本書的貢獻，也體現出曾董的策略高度及傳承經驗的價值。在創業之初，有這樣一本經典教科書，絕對可以讓創業家站穩創業腳步，逐步邁向理想實現的道路。我非常願意將這本好書推薦給您！

推薦序　為創業者提供立即且實際的幫助

李紹唐 / 緯創軟體股份有限公司董事

近距離認識曾國棟副董事長，是兩年前擔任第六期台北 AAMA 搖籃業師群，當時我也是其中一位業師，後來我們兩位又一起擔任二代大學的導師。

六月下旬，國棟兄來找我，告訴我他將自己創業及這幾年輔導創新公司的心得，整理成三十篇文章，出書與大眾分享，請我寫序。我花了一週左右讀完這本書，先將書中的五大章節精華，分享給讀者。

第一章談如何募資及設計股權結構。在本章中，我覺得最棒的是「如何做募資簡報」，分析的內容深入淺出，有募資需求的業者可以深入研讀。第二章的主題是購併及上市櫃。創業家創業，從小公司成長到大公司的過程中，會面臨上市櫃或被購併的決策。本書清楚分析上市櫃的優缺點及購併會遇到的種種狀況，可讓創業者對此主題有通盤的了解。

第三章提到企業如何選才、用才、育才及留才，並以韓

國三星（Samsung）董事長、阿里巴巴馬雲為例，說明他們如何重視面談。第四章為讀者解析損益的真諦。經營企業最重要的目的是獲利，其結果就是損益數字。書中詳細地說明如何分五階段實施 P&L，以及可能的五項迷失。第五章提供商品、服務、行銷、通路的創新思考方向。創新是企業永續經營的法寶之一，書中列舉了許多不同產業運用「多一小步服務」的成功案例，供讀者參考。

最後，國棟兄將他創業近四十年的豐富經驗，整理成十大體悟，在書的結尾分享給讀者，實為本書的最高潮。本書為創業者提供了立即且實際的幫助。

**深入淺出，
解析創業過程的重要議題**

楊立昌／全國創新創業總會總會長

　　一場演講開啟了我與曾董事長持續的對話與互動。大約五年前，在青創會（青年創業協會，即全國創新創業總會的前身）楷模創立的愛華會所舉辦的專題演講，曾董帶來的是「多一小步服務」，題目很簡單也容易了解。曾董列舉了好幾個生活上的例子，說明他們實施多一小步服務帶來的效果與客戶滿意度的提升。正好那時候我有一家子公司，經營上面臨極大的困難，亟需一個活動來重整內部的士氣。聽完演講後，我向曾董請教如何獎勵這樣的活動，並且立刻購買了三本曾董寫的《分享》工具書，展開了我們多一小步服務的競賽。這個活動持續辦了三年，在往後青創會的聚會中，每當我遇到曾董時，都會向曾董回報我們實施多一小步服務的成果。演講者與聽眾之間的對話，竟然可以延續很多年，是一種奇妙的緣分。

　　曾董將他多年的演講內容、內部的創新服務活動，和輔導新創的經驗，重新集結整理完成本書。從一開始的資金

募集、投資人類型與股權比率，都有詳盡的分析。甚至對投資人的簡報內容與簡報技巧，曾董都提出一些建議。對於有志於創業的年輕人而言，每篇章節都是一個重要議題，需要花時間仔細研讀。其中關於引進策略型投資人，書中更是著墨深入。首次創業者往往會陷於股權比率、擔心失去控制力的迷思之中，更無法看清楚策略型投資人帶來的效益。策略型投資人的公司治理經驗以及投入的資源，可以加速公司成長，省去創業者在經營管理與市場摸索可能產生的失敗風險。雖然書中列舉出五種類型的投資人，但是選擇贊助型與財務型投資人，考量的是股權比率與控制力；而選擇策略型與主導型投資人，考量的則是將投資人視為合作夥伴，要將餅做大。這是兩種截然不同的募資策略，值得讀者仔細思考其中的差異。

另外，曾董在本書中也談到企業成長會面臨的購併問題，這也是我一直關注的題目。曾董以自身大聯大控股集團的購併經驗，從多個面向來討論合併後的綜效與購併方式，其中「產業控股購併」的模式，在台灣產業界是比較創新的觀念。大聯大是由六家電子零件供應商合組的控股公司，在成立控股公司之前，彼此在市場上價格廝殺得很厲害，毛利率非常低，帳期長且資金需求大。成立大聯大控股後，歷經十年「前端不變，後端物流管理整合」的控股合作模

式，2018 年大聯大控股的營收達到 5400 億台幣，營收規模已穩居世界第一。以大聯大「產業控股購併」模式的結果來評斷，是成功的，因此如何選擇適合的購併方式，需要讀者仔細衡量。

這些年在與曾董的互動與請教之中，個人受益良多。曾董除了是一位具有豐富產業經驗的領導者，更是願意無私分享經驗與心得的分享者。在本書中，曾董揭露很多經營細節，並提供他的想法與建議。我再三拜讀，依然心有戚戚焉，因為這些與我的經驗共通，包括：

1. 領導者報帳問題：曾董在書中特別提出報帳問題，身為領導者到底是報私帳還是報公帳？公司內部並不會有任何單位來質疑，但因為是領導者，對自身的要求要很高，與其模糊不清，不如以最高標準處理，這是非常重要與正確的。

2. 員工分紅：自從上市櫃公司取消員工分紅配股策略後，員工獲得的獎酬已不如以往。目前上市櫃公司都設有薪酬委員會，負責將公司賺來的錢妥善分配給員工與重要幹部，以及平衡股東、員工與公司未來發展，而不是獨厚領導者本身。書中曾董的建議是符合目前公司治理所要求的。

這本書談論的議題，無論是資金募集、企業購併、用人

與留才，甚至於損益報表及公司內部的創新服務活動，曾董都是深入淺出，讓讀者能容易理解。如有不明白或需要進一步討論，建議讀者可以參加曾董的演講，或將問題條列出來，約訪曾董進行面對面的請益，相信曾董必定願意傾囊相授。

商學院沒教的經營智慧

顏漏有 / AAMA 台北搖籃計劃共同創辦人暨校長

　　曾國棟先生是一位自行創業並經營事業有成的成功企業家，他透過購併建構了營收超過千億元的電子零件通路公司友尚公司，後來又將公司併入世界最大的電子零件通路公司大聯大控股公司。他個人歷經創業的小公司到世界級的大公司，對於企業經營有非常獨到的看法與經驗。更難能可貴的是他在事業有成之後，願意貢獻他的寶貴時間，分享他企業經營的智慧。與曾先生認識是因為邀請他來擔任 AAMA 台北搖籃計劃的導師，他對年輕創業家總是熱情協助並分享其創業及經營管理經驗，得到許多年輕創業家的認同。

　　曾先生以他四十年創業及經營企業的實際經驗，歸納總結《商學院沒教的 30 堂創業課》一書，書中點出創業有關資金的迷思，包括股權結構、策略投資及募資。同時對於企業透過購併及上市櫃加速成長有深入的解析，另外對於企業成長最關鍵的人才策略及具體做法有實例分享。他所提出的「多一小步服務」及P&L 管理的創新思維，更是值得很多企業經營者學習。

　　這本書歸納他個人四十年來從小公司到大公司的經營管理經驗，並提出務實的建議，相信對於創業家及企業主在經營企業會有很大的幫助。特別是他對創業人生歸納出的十大體悟及心想事成五大心法，更是他一生淬鍊出的企業經營成功祕訣。相信讀者可以從本書學習商學院沒教的企業經營智慧。

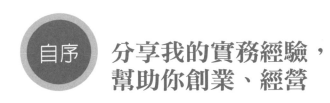

自序　分享我的實務經驗，
幫助你創業、經營

無私分享緣起

服完兵役後應徵了好幾個工作，我在大學主修電子工程系，自然是以當工程師為第一優先選擇，在學期間為了爭取工讀生機會，必須在學科保持優異成績，但卻忽略術科實作的部分，一直沒有太多著墨，因此沒機會被錄取當工程師。因緣際會，從最基層的「外務」工作開始，也就是送貨收錢的業務員（現在稱為業務工程師）。

創業之前經歷了兩個公司，五年中從外務到業務員，最後升至業務課長，多半靠著兩個老闆的機會教育，以及自我摸索學習，總是覺得老闆沒傾囊相授，公司也沒有一套訓練系統，阻礙了學習速度。因此心中暗自立下了一個心願：「懂的知識一定要整理分享出來」，幫助有心學習的人，讓他們可以更快速成長。

後來發現要把懂的知識分享出來也不是一件容易的事，必須平時搜集很多資料及案例，還要花很多時間有系統地整

理，更要有「無私分享」的心理建設。

所幸因個人經營公司頗為重視教育訓練，因此累積了豐富素材，公司上了軌道之後，自 1999 年開始犧牲打球的時間，花了一年時間，一個字一個字自己寫，整理了十萬字，完成了三本「心得共享」作為員工訓練教材。

2007 年又碰到一位很好的編輯配合，重新調整擴充內容，每兩週花兩小時，前後共花了六年，也付出了可觀的編輯費用，2013 年完成了一套三本共六十萬字的《分享》工具書，內容包括了實務篇、觀念篇、經營篇，除了作為公司內部經驗傳承自用外，也捐給電子零件公會付印，嘉惠有需要的學習者，包括同業或非同業。

商周出版也從其中擷取摘要出版了四本書：《讓上司放心交辦任務的 CSI 工作術》《比專業更重要的隱形競爭力》《王者業務力》《想成功，先讓腦袋就定位》，兌現了我之前立下的無私分享心願。

本書緣起

個人與友人在 1980 年共同創立了友尚公司，在 2000 年成為台灣第一家電子零件通路上市公司，2009 年營收突破新

台幣 1000 億，友尚公司在 2010 年加入了大聯大控股公司，成為世界第一大的電子零件通路商，2018 年營收超過新台幣 5400 億。

三十幾年的成長過程，歷經了貿易商到代理商，再到通路商的過程，從六個人的小型公司到五千人以上的國際型公司，從非上市公司到上市公司，從單一上市公司到購併多家公司的控股公司，之後又下市加入大聯大產業控股公司，因為都親自參與，累積了很多融資、募資、上市上櫃、私募、投資、購併……的實務經驗。

2015 年剛好屆六十五歲交班年齡，順利地按照原先的生涯規劃，將公司日常運作交班給友尚集團執行長及大聯大集團執行長，開始有多一點時間來執行「無私分享」的規劃，利用自己擔任電子零件公會理事長的角色，除了演講分享知識外，也跨行業幫不同產業做培訓，多年來已超過一百五十個場次。

除了自認為是「文化知識志工」外，有多餘的時間就分配給中小企業總會、全國創新創業總會（原青創總會）、AAMA 台北搖籃計劃、狼窩、TXA 創業家私人董事會、中小企業總會二代大學……輔導一些來自不同行業的新創業主或二代，以及想要轉型的企業主，從中也雙向學習了

不同行業的經營模式。

2017 年中小企業總會應《工商時報》邀稿，希望可以分享「A+ 創業計畫」的輔導內容，花了一些時間將過去兩、三年輔導過程中的經驗加以整理，在中小企業總會鄧裕仁的幫忙下，完成十七篇每週連載的短篇文章。

之後又將十七篇擴充至二十一篇成為「新創企業輔導心得」，經常分享給新創學員，但總覺得當時因連載每篇一千兩百字的限制，沒有將內容寫得很完整。

在一次聚會中跟何飛鵬社長提起「新創企業輔導心得」大致內容，他也覺得值得再加以整理分享給需要者，於是指派商周出版的團隊來協助，重新架構本書的內容，增加其實用性及易讀性，也得到徐谷楨小姐支持，願意利用閒暇時間幫忙整理，經過了八個月的三方密集合作，終於完成本書。

章節安排

本書依照創業在不同階段遭遇的不同問題，跟讀者分享資金、人才、損益、「多一小步」的心得。創業初期最大的問題是資金募集，牽涉到股權結構、要不要上市櫃等考量。除了資金之外，人才是企業成功的關鍵，因此選才、用才、

育才、留才都必須重視。接著談到企業最關心的損益，以及我在創業後期體會到的「多一小步創新服務」的概念。最後再以我的十大體悟和五大心法作為結尾。

本書的內容涵蓋範圍甚廣，不管你是正想創業，或剛創業者，或已經有相當規模者，都應該適用，因為本書的分析都是站在兩個角度，投資者及被投資者，購併者及被購併者，老闆及員工，因此一體兩面都適用。

致謝

我要感謝我創業中的太太貴人，她將公司的財會處理得很完善，也將家裡大小事打理得很好，一對兒女也都很懂事又獨立，讓我無後顧之憂可以衝刺事業，也有些閒暇時間分享及整理文章，謹以此書獻給我的家人及需要的人。

希望本書所整理的這些個人創業體悟及創業、輔導經驗對大家有幫助。

第一章
資金：股權結構、募資

創業首先碰到的問題就是資金，如果有足夠資金又想獨資經營，那就單純多了，但往往是自己資金不足，或基於需要創業夥伴，而需要引進資金及股東，這中間就牽涉到股權結構的考量，哪一種投資者較佳？引進策略股東好或分散式股東好？又釋出多少股權較合適？

同時創業者也擔心股權被稀釋後，利益會被瓜分，因此猶豫不決，為避免稀釋太多，想開高價引進投資者，卻嚇跑了投資者，其實這些都需要正確的心理建設，也都有些減少股權被稀釋的方法。

為了向投資者募資，需要準備營運計算書（Business Plan），卻又不清楚投資者關注的重點，雖然有很好的創意或產品，卻因簡報失焦，得不到投資者的青睞，殊為可惜。

針對上述的問題，我會分別就投資者的類別、募資心理建設、減少股權稀釋的方法及募資簡報技巧，把我的經驗及心得傳授給大家。只要了解我提醒的重點，應該可以解開一些資金面的疑慮與困擾。

1 哪種類型的投資者 與你最速配？

投資者分為許多類型，創業者面對不同動機的投資者，可能無法細細分辨誰最適合自己，需要評估很久，這裡就按照涉入公司經營程度的差別，將投資者粗分為四種類型，方便創業者了解。

一、贊助型

新創遇到純贊助的金主，有如千里馬遇到伯樂！贊助型的天使投資者，通常只是一個協助、輔導的角色，可能不太計較投報率、不參與經營、不當董監事，也不會要求定期開會或定期看財務報表，現實中大都是創業者的親友願意出任這樣的角色。群眾募資或天使基金也算是這一類型。這種投

資者可遇不可求，碰到就是幸運，要好好把握與努力，不要辜負他們的熱情贊助，如果你成功了，他們特別高興。

二、財務型

　　募資成功的新創，八、九成都是遇到財務型的投資者，可能是個人，也可能是一般企業的投資部門或其旗下的投資公司，以及創投公司。

　　基本上，個人意在追求較好的投資報酬率，不一定需要資本利得，他們沒有結算報酬率的期限壓力，只要公司賺錢，給得起好的配股、配息，勝過把錢存在銀行，就可能滿足了，有可能變成你公司的長期股東。企業的投資部門或其旗下的投資公司，可能也有這種傾向。

　　創投就完全不一樣了，「退場」機制是投資前提與必要條件，所以特別在乎募資的新創本身有沒有上市櫃計畫。

　　這類型的投資者通常會要求定期參與會議，要求定期財務報表，要求上市櫃時程規劃，也可能要求董監事的席位。

三、策略型

策略型的投資者，著重的是雙方整合綜效，期望藉由技術、業務、市場、管理、財務等面向的延伸，進行上、下游或橫向資源整合，希望對自己的本業有所助益，同時也協助到新創，例如把業務切給新創去執行，或請新創代工製造，自己就不必另外設廠。

對這類投資者來說，**短期的投報率或退場機制是其次考量**，但會希望占有公司股份三、四成，才會覺得值得提供資源給新創，**所以新創也要大方釋出股權，這樣一來，策略投資者才會認真提供資源、用心整合資源，成為你真正的夥伴。**

由於這類型投資者對新創企業貢獻了資源，可能相對會要求投資價格比一般投資者稍低，這算是合理的要求，當然也有策略投資者考量策略價值或體諒新創者的創意與辛勞，**願意出高一點的價格投資，這是一個雙贏的考量。**

就我觀察，有募資需求的新創公司，多半不希望迎來一家 40% 全拿的策略型投資者，因為就怕後者會干涉太多事務、介入公司經營，而寧願分散為十個 4% 的財務型投資者。

但我建議選擇策略型投資者，因為他們雖然持股較多、會介入經營、爭取董監席次，但相對地，也會派出專業經理人進公司，支援財務、技術、人資或管理，幫忙新創企業建立技術團隊或打造流程制度、健全財務體系，因此公司體質將有所改變與成長，所以不要排斥，策略型投資人肯給資源，又能派專家來幫忙，不妨好好合作。

企業的領導者，需要具備業務、行銷、研發、製造、管理、財務等多種能力，但新創企業主通常只具備其中一、兩項，**所以不妨讓投資方當「老大」來帶領公司，補強原團隊所缺乏的能力**。如果投資方的強項在行銷，正可與研發型的創業者強強互補，發揮最大綜效。新創企業主可趁這個時間努力學習，待往後茁壯、培養出全方位的能力後，就可以站出來領導公司。

四、主導型

如果你的行業是成長愈快、資金缺口反而愈大，一邊趕訂單，一邊還要跑三點半，或者生意接到了，卻沒錢生產，長期處於負現金流的狀態，為了充實營運資金，以及把握黃金時機快速成長以擴大市占率，建議考慮找尋「主導型的投資者」。

　　主導型投資者是介入經營程度最高的一種投資人，對方經評估覺得你的企業有潛力，也看好團隊，通常希望一開始就占 51% 以上的股份，或一段時間後能達到 51% 的股份，藉以放進更多資源，讓新創企業成為投資者的關係企業（子公司）。

　　一般新創企業主因為擔心喪失主導經營權，比較難接受要讓出 51% 以上股權的投資者，即使迫於資金需求，必須讓出 51% 以上股權，也希望是分散的股東入股。

　　其實這是取捨問題。如果因為資金需求，一定要讓出 51% 以上股權，找到一個適合的投資者，成為他的子公司，未來有財務背書保證或資金調度需求，都不必再煩惱，也可能引進投資者的資源，更可專心發展技術及業務，也是不錯的選擇。要知道，如果缺少資金，可能會錯失商機，就算擁有 100% 股權也沒有用。

　　至於股權被稀釋、分配紅利降低的問題，可合理要求團隊經營紅利來補償，一般經營紅利可接受範圍大約在淨利的 15% 至 30%。詳細的做法可以參考後面〈減少股權被稀釋的五種合理訴求〉的文章。

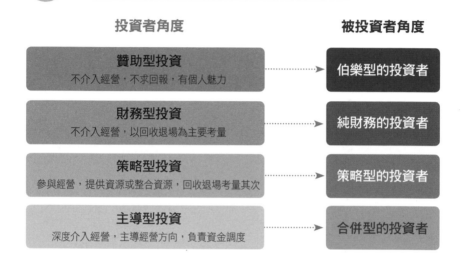

圖1　募資雙方考量

投資者角度

被投資者角度

| 贊助型投資
不介入經營，不求回報，有個人魅力 | ┈┈┈▶ | 伯樂型的投資者 |

| 財務型投資
不介入經營，以回收退場為主要考量 | ┈┈┈▶ | 純財務的投資者 |

| 策略型投資
參與經營，提供資源或整合資源，回收退場考量其次 | ┈┈┈▶ | 策略型的投資者 |

| 主導型投資
深度介入經營，主導經營方向，負責資金調度 | ┈┈┈▶ | 合併型的投資者 |

小結

　　天使投資人可遇不可求，財務型投資人也很討喜，因為只要公司維持營運動能，持續獲利，就能有所交代。但我也強烈建議不要將策略型投資人拒於門外，因為他們的專業度與豐富資源，有機會讓公司更快速成長，新創不妨好好評估這種投資對自己有無幫助。主導型投資人就是有意購併的對象，這對於等待時機出場的創業者也未嘗不是一件喜事。

策略型投資，務求哥倆好

當有不錯的策略型投資人出現時，也要注意以下細節。

一、目標的交集

雙方對於策略目標要有交集。比如說甲投資乙，乙可以幫甲生產某個東西，乙的營業額也因此相對提高，皆大歡喜。

一般來說，研發設計人才在通路行銷公司養成不易，有時候甲只是希望透過投資乙設計公司（Design House），善用他們優秀的團隊來協助自己設計產品、不涉及生產，但乙公司卻僅希望引進甲公司的資金，來發展自己的品牌業務，並不想成為甲公司的附庸（只拿到設計費而沒有營收），這樣雙方的策略目標就沒有交集，投資也不會成功。

除非是甲公司希望乙公司做的事情，剛好對乙公司本身也有幫助，例如乙公司正在思考縮編人事，獲得新資金就可以分擔養員工的開銷，不必裁員，那麼雙方就有交集，不過，也可能只是

暫時的交集，必須留意未來變調的可能。

一般來說，甲、乙兩家公司如果剛好處於產業上、下游的關係，通常策略目標也會一致，比較容易呼應與滿足對方的期待。

二、組織的支持

另一個交集的重點在組織，洽談投資的時候，如果是老闆對老闆，可能在雙方談好後，營業、行銷或製造部門主管卻不埋單，或投資部門簽好約，但是其他部門不配合執行，導致策略破功。因此，被投資方可以事先了解洽談對象在公司的影響力，並考量該組織的複雜度，預先排除後續風險，不見得老闆出馬就一定會萬事如意。

如果遇見對你公司有幫助的投資者，建議進一步評估彼此目標是否有交集，以及雙方組織能不能合作執行，再做正式決定。

② 募資七大心理建設

　　不少新創團隊想引進新資金，來問我的看法，但我發現他們常糾結在未來的持股占比高低，出現不安全感，**深怕股權過度稀釋，導致分配到的利益減少太多，或者經營權受到影響**，卡在捨得與捨不得之間。

　　有一家新創企業的創辦人告訴我，他希望投資者的股份不要超過 25%。依其增資價格核算，所募得的資金仍不足以應付營運所需，換句話說，有些訂單被迫要放棄。我問他為何不一次增足，讓投資者占 45%？但他認為這樣犧牲太大，這樣他與經營團隊的股份僅剩 55%，所以不想引進策略型股東。

　　還有一位新創企業主計畫募資，但原本股本就不大，自己又沒有太多新資金可投資，按其營運狀況及資金需求

推估，至少應該引進 1000 萬資金，新股東合計股份預計達 60%，但他很擔心喪失經營權，希望新股東是分散的，寧願分頭找五個各投 200 萬元的投資者。

針對上述新創募資的疑慮，我建議先做足幾個心理建設，可以讓事情更加順利，不會因小失大。

一、股權占比不重要，餅大才重要

新創公司過度在意股權占比，但自有多少資金才可以占多少股權，有多少的資金才可以做多少的生意，都是成正比的，因此，在引進資金之前必須做好心理建設。你原本是小公司裡的 50% 大股東，籌資換股之後雖然成了大企業的 2% 小股東，但是後者的絕對值還是比較高。數字會說話，100 元裡的 50 元（50%），絕對比不上 1 萬元裡的 200 元（2%），「餅」夠大才是最重要的。

以我的公司友尚為例，一開始我跟合夥人各持有 50%，後來為了上市，依法規必須分散股權，所以讓員工認股 30%，我跟合夥人變成各持有 35%。後來進行增資，我的持股降到 20%，第二次增資時，我剩下 15%，最後加入大聯大控股，我的股權再降到2% 到 3%。雖然只有這樣的比

率，但是股本大很多，營收規模也放大很多，所以整體價值還是比最初的 50% 更高。

所以說，即使股權被稀釋，但營收可能增加一、兩倍，獲利可能成長三、五倍，**因此身為賺錢企業裡的小股東，比起不賺錢公司裡的大股東，來得好很多**。如果是一家不賺錢的公司，你持股百分之百也是沒有意義的。

還有一種情況是，公司初期在設備上的投資花太多錢，需要營運周轉金，否則訂單就接不進來，如果因為怕流失股權而不願意引進足夠資金，寧可放棄部分生意，等到將來想要再回頭找生意，商機可能已經不復存在。反之，資金到位，生意做起來，營收可能就有好幾倍的成長。

老實說，你就是只有這麼多錢，所以換算只能拿到那些股票，但重點是怎麼提高你手上股票的價值，而不是一直把目光焦點放在持股的占比。

增資的結果帶來股權稀釋、持股比率下降，但實際上你持有的股票張數並沒有減少，而且增資之後，你的股權就算稀釋為原來的一半，但是你的生意因為新資金的挹注，借力使力做更大，原本在損益兩平的邊緣，只要營收增加兩、三成，獲利或許可以成長三到五倍，股票價值也會水漲船高。

如果維持現狀，營收、獲利的成長其實也有限。塞翁失馬，焉知非福。

二、職位大小沒關係，學習空間更重要

創業要成功，需要具備業務、行銷、研發、製造、財務、管理……各項能力，一般創業者大都只具備其中一、兩項能力，如果有策略型股東願意投資，又願意撥出人力來幫忙，是一件好事，創業者可以有更多的學習空間，但往往因怕職位會被擠壓或擔心被監督，而排斥策略型股東指派主管來幫忙，尤其是不希望讓派來的人居於高位，殊為可惜。

創業的目的當然是希望賺錢，如果策略型股東願意派高手來幫忙，讓公司營運快速成長，因而獲利更多，**其實不用過度在意自己在哪個職位，能夠讓公司營運順利賺錢最重要**。

當初友尚公司董事長找我加入，就主動讓我當「老大」，數十年來我們兩人的股權、股息、薪資都一樣，只是身為「老大」的責任更重。後來友尚加入大聯大控股，大聯大本來就經營得很好，**所以我也願意退居老二**。我想用自己的例子來說明：當你個人的獲利不受影響，**多一個有能力的**

人來幫你忙，其實更好。

三、股東相處，其實不難

有位企業二代來找我，指出幾年前公司需要資金周轉，投資者願意雪中送炭，讓他很感恩，當然也讓出了幾席董監席次，但是兩、三年下來，他發現這位投資者頗囉嗦，在董監事會上要求東、要求西，對經營者也有很多意見，所以他想賣掉自己的股份、退出經營，自己再找股東另創新事業。

但我認為，當事人如果想法與觀念未改，將來也會發生一樣的事情。

當時我就問這位企業二代：「以後創業還想做大嗎？想走向上市櫃嗎？」答案是肯定的，那麼「以後會不會還有董監事？」答案也是肯定的，那我說：「這還不是一樣嗎？」直接點出他根本只是在逃避。過了幾天，這位年輕人再次聯絡我，承認我看透他的問題，保證他今後會學習放開心胸，與董監事們和睦相處了。後來的確相處得很好，這家公司也成功上市。

股東的相處，包括合夥人之間或負責人與董監事之間的互動。以友尚公司來說，我合夥人決定好的事情，我就尊

重，不去拆他的後台，因為兩個人想法不一樣，處理一件事情的方式不盡相同，既然他都已經想好了，我就不用再多想一遍。如果事情的決定權在我（董事長），我也會先詢問他的意見，如果他提出修正的話，我也尊重，我再做最後定奪。董監事的意見也需要善意解讀，不要覺得董監們都是在找麻煩或挑毛病。

其實只要不是獨資企業，就一定會有股東，伴隨公司發展的規模愈來愈大，可能遲早都會因為資金需求而出現其他新股東，面對股東或董監事也是遲早的事，所以有必要理解這是常態，並且**學習股東相處之道，才是上上策。**

四、被監督是好事

企業主不樂意引進策略型股東的另一個原因，是擔心事事被監督，礙手礙腳，怕太多不同意見，所以不接受策略型股東引進主管來幫忙的條件，寧願維持原班人馬營運，甚或習慣一言堂模式。

如果企業主不具備獨當一面的能力，又仍希望維持原班人馬，想逃避監督，也不願意接受意見做改善，**往往會自我感覺良好，因循過去經營模式，營運成長緩慢。**

其實有外來策略型股東的參與，才會有更多具建設性的建議，不要本位主義。善意解讀，虛心接受建議，當作鞭策的動力，反而對營運管理改善有助益。而且獨自思考容易有盲點，如我們能改變心態，正面看待董監事的「囉嗦」，納入決策，對公司營運會有幫助。

五、不用擔心位置不保

獨資的時候，自己最大，一人說了算，但是募資引進大股東，不少創業者會擔心「位置不保」，被換掉。但我要說，投資者才不會沒事找事，投資後還要費心力找其他人來把你換掉、取代你。**只有工作做不好的人才會被換掉**，而且，如果你自己工作做不好，就算是獨資也沒有用。

六、夥伴扶持，分工合作

走上創業之路，各種問題會一直出現，永無止境。所以，你將會發現，增資引進策略型股東，其實有很大的好處，那就是有了**真正的夥伴可以彼此扶持**。

創業者往往「高處不勝寒」，遇到困難與困惑時，若有夥伴可以一起討論，**互相取暖**，是件幸福的事。隨著事業的

開展，會陸續建立很多部門或事業部，甚或延伸的獨立事業體，在在都需要人才，如果有策略型股東加入，會擁有更多人才，可以分工合作，大家各司其職，幫忙支撐營運。

七、公私分明，避免惹爭議

獨資的時候，很多費用可以公私不分，反正左口袋、右口袋都一樣。引進股東之後，**就要特別注意公私分明，避免惹爭議**，小小費用的爭議不但傷了和氣，更可能被擴大解讀，否定了人格及道德觀，進而產生不信任感。

有些費用的確很難分清楚屬公或私，比如說請朋友吃飯，也許多少涉及生意，跟公司有關，但也很容易被誤會是純朋友交流。**為了避免被誤解，分辨起來有難度時，建議寧可選擇報私帳。**

舉例說，我回南部家鄉的加油費及過路費，通常是報私帳，但回程通常會順道拜訪一、兩個客戶，照理可以報公帳，由個人自由心證，但我寧可報私帳，做到問心無愧，也能以身作則，成為好榜樣。至少避免他人質疑，建立信賴感。

小結

　　只要理解以上種種，做好心理建設，在處理股權結構、組織的安排、老大老二位置等問題就容易多了，**如果能認知策略型股東的價值，彼此相互尊重，同心協力，成功機率會大很多。**

③ 減少股權被稀釋的五種合理訴求

「投資者的股份，最好不要超過兩成！」某次我聽新創企業主表示，希望尋求 1000 萬元的投資額，但進一步詢問他希望投資者的股份比率時，這名創業者給了這樣的回答。

依照投資額與股權占比換算下來，公司估值約 5000 萬元，但以該公司現在及未來的獲利估算，這個估值似乎超出了一倍以上。當問他為什麼不希望對方超過兩成時，他表示：「如果超出就稀釋太多，我能分配的利潤就太少了！」

在輔導創業者時，這是一個常常出現的典型迷思，也是常見的共同問題——當企業發展到一定程度，創業者往往希望募到新資金，以推動公司往下一個階段前進，同時又擔心股權被稀釋，就開了很高的價格，結果反而無法得到投資者的認同，導致募資不成，可惜了。

　　其實正確的做法，應該是開出合理的溢價，讓投資者未來也能享有合理的投資報酬率，至於創業者擔心的股權稀釋問題，我可以提供幾個減少被稀釋的方法，或雖被稀釋但可以得到補償的合理要求，供創業者參考。

一、占技術股（技術作價）

　　可向投資者要求適當的技術作價金額，當作技術股。一般來說，技術股落在 10% 到 30% 的範圍。但因為不必出錢就獲得股份，可能會產生贈與稅，執行前需要先做適當規劃。

　　「技術」股並不限於一般認知的專利技術，只要你有特別的專長、能力、知識、資源、人脈等，就可以爭取技術股，俗稱乾股，不必拿錢投資，像明星、政治人物、運動員等特殊身分者，對公司發展有幫助，通常受邀合資時，也會獲得技術股。

　　不過，技術作價也有它的上限，假設資本額 1 億元，技術股初期占 30%，即價值 3000 萬元，未來公司若增資到 2 億，同樣的技術不見得可以占比 30%、值 6000 萬，因為投資方認為 5000 萬是上限，只能占 25%。隨著資本額愈來愈

高，技術股被稀釋的狀況愈明顯，所以應該做好心理準備，未來還是需要拿出現金投資，來維持股權。不過，**就算沒有錢再投入，導致股權被迫稀釋，但是「餅」已經放大好幾倍，獲利其實更多。**

二、分配合理的經營紅利

一般投資者大都認可團隊的重要性，所以當公司有盈餘時，先提撥局部紅利獎金給團隊，剩餘的再按照股權分配，這是普遍可以接受的條件。一般合理的提撥比率落在 10% 到 30% 之間，通常這部分獎金會列入公司的費用。

換句話說，**雖然被投資方自己的股份被稀釋一部分，但也另外要求擁有 15% 到 30% 的盈餘分配權，算起來仍是合理的。**

做法上，投資與被投資雙方可訂定關鍵績效指標（下稱 KPI）目標，按照營收、總毛利或每股盈餘（下稱 EPS）的達成率，來提撥紅利獎金。獲利愈多則提成愈高，是廣為投資者接受的模式。比如說，當盈餘 2 元時提成 11%，若賺 5 元可提成 22%，衝上 10 元則可分得 25%。階梯式的分紅，員工愈努力就能獲取更多的獎金，股東也因此獲得更多的利

潤，達成雙贏。

不過創業者要注意的是，**爭取這部分獎金（盈餘的 10% 到 30%）時必須強調是給所有的經營團隊，創業者個人不會取得超過其中的三成**，如果是兩位共同創業者，例如董事長與總經理，則合計至多是其中四到五成，其餘都是分配給整個經營團隊及員工，才不會有自肥的爭議，就容易得到投資者的認同。

更細緻的做法是，**事前規劃，將紅利獎金依幹部的重要性分配適當的權數**（可保留局部權數當作追加調整或給新進幹部），盡量透明化，讓員工預知自己可獲得的獎金比率，更能達到激勵效果。這部分留在後續「留才」章節再詳述。

三、員工低價認股（發行較低價的新股給員工）

投資者大都認可團隊的重要性，願意開放一定比率的員工認股，但由於員工可能是借款來買股，而距離上市櫃的時間可能還久，存在風險，因此員工揹著財務上的壓力，同時創業者也會一直扛著「為了員工，必須趕快上市櫃」的心理壓力，所以辦理員工認股的時機最好不要太早。

圖1 減少股權被稀釋的合理訴求

保持技術乾股?%
（股票選擇權的概念）

約定團隊
經營紅利?%

一定期間內優厚的
團隊認股權
（外部股東放棄）

股票
一定期間以約定的
報酬率買回股份

買 ＋ 借
半買半借的
投資方式

　　一般可以在投資協議中爭取，約定於上市櫃前的適當時機辦理一次員工認股專案，發行較低價的新股，但要求大股東同意放棄認購權，優先讓員工認股，讓他們享有價差，作為激勵。這比率大約占股本的 10% 到 15%，一般來說是投資者可以接受的。

四、約定買回股權（約定以定額投資報酬率買回）

　　如果很有把握未來一定會賺錢，又不會有現金流短缺的

問題，雙方可事先約定，在未來一定期間內，創業者有買回股權的選擇權利，買回價格則按約定的年投資報酬率計算，一般來說要 10% 到 20% 以上才有吸引力。

這是一種減少被稀釋的方法，但**最好是事先由投資者主動要求**，如果是事後因為賺錢不想分享給投資者才由創業者提出，**那就有一種過河拆橋的感覺。**

當公司一直賺錢時，創業者可能會有「早知道這麼賺錢，當初就不要找你投資」的想法，但**應該飲水思源，抱持「還好當初有你，現在才會賺這麼多錢」的想法較好。**

五、半投資，半借款

為了讓股權不要一下子被稀釋太多，可以考慮設計半投資、半借款的模式，也就是說一半的錢當作投資、占有股權，另外一半的錢當作純借款就好。借款比率也可以是四成或六成，視雙方需要而定。

從另一角度看，借款都會約定一段期間後還款，加計約定的利息，而且**這種方式通常需要創業的負責人出具借據或個人背書保證**，自然會有還款的壓力，所以半投資、半借款，某種程度上也算是減輕創業者股權被稀釋過多的辦法。

　　半投資、半借款也給投資者更大的信心，因為投資者也怕錢有去無回，由於創業者還年輕，即使未來投資失敗，只要有債權存在，順利收回借款的機會很大，因為可以聲請法院強制執行，至少可以拿回該創業者未來薪資或其他所得的三分之一，**這是看準一般創業者都還年輕，未來數十年可望持續有工作收入，有很大機會可以全數還清借款。**

小結

　　合理的溢價，加上適當股權比率釋出，才能得到投資者的青睞，或獲得策略夥伴參與。透過上述方法，**股權雖然被稀釋了，但獲取了一些經營紅利，或低股價的員工入股機會**，企業主得到部分的補償，形同乾股權利，更可以利用這些福利吸引更優秀的人才，不失為一舉兩得的方式。

4 募資開價
別嚇跑投資者

　　我擔任政府計畫輔導新創的業師時，發現很多新創企業主想要募資但從來沒有經驗，第一次募資，不清楚公司的估值與溢價要多少才合理，同樣地，既想引進多些資金，又擔心股權被稀釋，不小心就淪為打工仔，擔心很多。

　　希望引進資金的新創企業主，由於不了解投資者的需求，以及投資法人對報酬率的期望，更缺乏事業夥伴（Partner）的概念，一廂情願下，往往開價過高，嚇跑了投資者，讓投資者不想再花時間繼續往下談。其實可以見到投資者是難得的機會，嚇跑了他們要喊重來可能難度很高，機會不再。

　　曾有位新創業者小張表示要募資 1800 萬元，並希望新進投資者股份只占 20%，公司股本增資前是 480 萬，目前大

約損益兩平，預計未來兩年每年可以獲利300萬。

這樣一來，公司股本需要增資120萬，從480萬膨脹到600萬，依募資金額1800萬，換算一股價格是150元（票面值10元的十五倍），公司價值就是9000萬元（新股本600萬的十五倍）。

增資後的公司股本600萬，年獲利預計300萬，換算EPS有5元，那麼根據入股價格150元，本益比（P／E）倍數高達三十。經過實際數字計算，他自己也嚇了一跳，覺得好像太貴了，但以前從沒想過，也沒仔細算過。

另一位創業者小何也表示要募資，目前EPS大約是1元，預計四年後上市櫃，預估四年後的EPS大約4元，本益比預估為十五倍，上市價格可能在60元左右，想要以一股50元增資，他認為有兩成的價差空間對投資者應該是不錯的條件。

還有一位創業者小陳也希望增資，目前公司營運狀況大約損益兩平，擬以一股30元增資1800萬，我問他未來兩、三年的營運計畫如何，募資1800萬的資金的運用計畫如何，以及未來兩、三年預估EPS如何，能帶給投資者的投資報酬率如何，新創企業主表示還沒有好好想過。

你了解法人對投資報酬率的期望嗎？

投資者手上有多餘資金，可選擇放銀行定存、買債券、買股票或投資，銀行定存或債券年報酬率在 1% 至 2%，操作股票可能年報酬率為 5% 至 8%，如果用於自己投資或委託創投投資，因為變現不易及投資風險，通常希望有 10% 以上的投資報酬率。

不過，**新創企業按成熟程度區分，其成功率可能僅二分之一到五分之一，也就是投資二到五個新創企業才有一個成功機會，因此在計算內部報酬率（下稱 IRR）的時候必須乘上風險系數的二至五倍，才能抵掉失敗可能的損失，**也就是期望 IRR 落在 20% 至 50% 區間，至於最後會是百分之多少，則視新創企業的成熟度而定。

一般來說，買方對於 IRR 的認定數字，範圍很寬，很難說是多少百分比，而且**不同的投資者會給予不同的數字**，所以對於公司未來規劃與募資簡報更要用心，展現說服力，**讓投資者相信你的風險系數很低、成功率很高。**

假設新創企業四年後可以上市櫃，上市櫃時 EPS 為 4 元，本益比為十五倍，股價 60 元，以現階段的成熟度來看，投資者認定成功率只有三分之一，期望的投資報酬率需

要 30%，而 $1.3 \times 1.3 \times 1.3 \times 1.3 = 2.85$，也就是現階段投資期望價格等於 21 元（60 元除以 2.85），依此類推。

表1 內部報酬率（IRR）試算

股東

定存的IRR約
1％至2％

投資股市的IRR
約5％至8％

1. 期望 IRR 高於 10%
2. 考慮成功率為五分之一至二分之一（依成熟度）

IRR	第一年		第二年		第三年		第四年		第五年
20%	1.2 1.2	X	1.2 1.44	X	1.2 1.72	X	1.2 2.07	X	1.2 2.48
30%	1.3 1.3	X	1.3 1.69	X	1.3 2.19	X	1.3 2.85	X	1.3 3.71
40%	1.4 1.4	X	1.4 1.96	X	1.4 2.74	X	1.4 3.84	X	1.4 5.37
50%	1.5 1.5	X	1.5 2.25	X	1.5 3.37	X	1.5 5.06	X	1.5 7.59

◎ 假設第四年股票公開發行（IPO），EPS 有 4 元，本益比 15 倍，4 元 ×15 = 60 元，投資成本在 12 元至 30 元（假設中間無配股、配息）。

◎ 法人尚會考慮股票上市後的流通性問題。

　　當然也會有很多投資者不太相信新創企業對未來四年後EPS 的推估，直接採用 EPS 乘上較低的本益比倍數換取合理的投資報酬率，比方說新創企業未來本益比可能是二十倍，現在投資價格以近期 EPS 減半的本益比十倍計算，跟上述除以二是同樣的概念。

　　了解了這個概念，就不會出現前面案例的錯誤認知。不過也有例外，現在許多新創公司做網站、應用程式（Application）、電商，雖然還沒有賺錢，無法得出近期的EPS 數字，但是開價依然很高，因為它是以會員數、流量及市占率為計算基礎，這個時候就不能只按傳統方式以 EPS 來計算它的價值。

營運計畫打個折吧

　　一般新創企業主大都缺乏寫營運計畫書的經驗，就算寫了也多半過於樂觀，只計算理想的情況，忽略了真正執行上會碰到的延遲、不明狀況、突發問題、競爭者切入風險……或者樂觀計算增加收入的部分，忽略了隨著營運擴大，相對費用也會增加，例如人事、設備、配套資源、管銷費用。

　　投資者通常比較有經驗，也知道新創企業主提出的營運

計畫書不準確的成分很大，所以也會對營收或毛利適當「打折扣」，相對在費用上也加成計算，更延長上市櫃時程估算，再得出心目中合理的估算值。

事實上，即便是營運已經上軌道、很成熟的公司，也會很難正確估算當年度或下一季的營運狀況，遑論新創事業，尤其是三、五年後的狀況。因此，投資者雖然明知新創企業主所寫的三至五年營運計畫書不準確，仍會要求新創企業主準備，一則是用來向自己的投審會、董事會報告，一則是根據營運計畫書作為投資後的追蹤目標，更重要的是從營運計畫書審視企業主的業務計畫能力、經營能力、邏輯能力、全方位能力、財務規劃能力等，因此，企業主一定要重視它。

對於引進資金的用途說明，一定要有詳細的規劃，並說明效益的呈現，所寫的營運計畫書，係根據募資後增加了人員、設備或增加其他資源後的推估，不是以現況推估。

不妨把投資者當夥伴

新創企業主往往只認定自己所創造的價值（創意、技術、產品、客戶、專利等），忽略了投資者的價值。一般來說，企業要經營成功，需要行銷、業務、技術、製造、

資金、管理等多種構面的組合，有很好的產品、技術、專利或行銷業務，但若缺乏資金或管理人才，也很難成局，反之亦然。

因此投資者至少扮演了提供資金的角色，已有重要的存在理由，如果投資者又願意提供行銷業務或管理資源的協助，那就應該更珍惜，將投資者當作創業夥伴看待，認定投資者是來幫你一起賺錢的人，不是來分你賺的錢的人。有這樣的認知，就會把策略型投資者當作夥伴，開價自然是較合理（加一點利息補償企業主過去偏低的薪資，和已創造的價值溢價），雙方更可以加速成為策略夥伴。

當然如果投資者已認定新創企業具相當的價值，對其溢價也不必過度計較，畢竟對投資者而言不是很大的數目，但卻可能是新創企業主的全部，將來企業主是幫你賺錢的人，況且如果是新增資入股，溢價所增加的資金是進入公司，並非進入企業主私人口袋，可讓公司營運資金更充足，有利於新創企業的發展。

小結

募資成功才能讓事業經營順利，無後顧之憂，否則有再

好的創意或產品，都難以成功，如果因為溢價太高或捨不得
被稀釋，而導致募資失敗或延後，可能商機也消失了。

　　在創業過程中，資金扮演很重要的角色，尤其是創業
初期，記得要留一點獲利空間給投資者，把投資者當創業夥
伴，他們是來幫忙一起賺錢的，不是來分利潤的，有這樣的
認知，才能創造雙贏的局面。

⑤ 募資簡報要點

當年我公司要申請上市時，證交所給我的簡報時間只有十一分鐘，我很不解，因為我的公司發展三十年，十一分鐘的時間怎麼夠呢？

等我成為輔導新創企業的業師，變成新創事業主簡報的聽眾，才了解到，其實一次要約齊五到七位甚至十位評委，本來就很難，而且每舉辦一次都要審很多件，每件時間自然不能拉太長。評委之中若有年紀稍長的人，簡報聽太久容易打瞌睡。有時候，台上的人還沒講完，台下的評委已經翻完紙本的簡報，早就在心裡下結論。

簡報 NG 狀況多

這些年擔任新創企業的業師甚至投資者，遇過許多新創

企業主因簡報不佳而未獲青睞的情況，這是因為他們普遍缺乏簡報的訓練及經驗，可能出現一些下面列出的 NG 情況。

1. 放入過多投影片

投影片太多，簡報時間拖太久，會讓聽眾不耐煩，加上張數太多講不完，你可能就忍不住一直跳頁，這也影響到聽眾情緒。

其實簡報在精不在多，**一張簡報可以講清楚的事，就不要用兩張**，因為每次簡報的時間也不長。**我聽過所謂魔術數字七，前後加減兩張**，也就是說，**投影片的張數以五到九張為宜**，超過九張就太多了，所需時間差不多是十五分鐘。

2. 把聽眾當內行人

新創企業主一不注意，就把台下的投資者當成同行或內行人，使用許多專有名詞、行業術語、英文縮寫，讓投資者無法進入狀況，又不好意思打斷、提問，簡報後也沒有足夠的問答時間，投資者一時沒聽懂，就不想繼續往下聽了。

坦白說，愈高階的企業主管，往往對技術細節愈陌生，一旦稍微跨領域，他們光聽前面的產品解釋就已經很頭痛了，後面再說的商業模式，他們可能還來不及理解就已經結

束，白白損失一大機會。

募資或業務合作簡報最重要的是，說明自己在做什麼產品，產業定位如何，以及在市場上的差異性。

3. 看簡報照本宣科

如果只是照著投影片的文字念出來，讓聽眾翻紙本就可以了，而且照本宣科只講到皮毛，並沒有抓出重點再深入說明，導致聽眾看得很清楚，卻聽得很模糊。

簡報者也不能只盯著螢幕或白板，忽略聽眾的眼神，其實螢幕是給聽眾看的。一般公司領導人都需要主持會議，面對眾人要能侃侃而談，如果上台簡報只看螢幕不看聽眾，會讓人懷疑你可能缺乏領導能力。

看向觀眾時，眼神不要閃爍或游移，而是平均分配目光到各個與會者身上，保持適度的目光接觸。還有，雷射筆不要亂晃，而是定點指向簡報上要說明的圖或文，而且點一下就好。如果太緊張會手一直抖，不如不要用雷射筆。

4. 敏感或爭議內容

如果是自己不熟或不夠充分的資訊，就不要放到簡報

裡，否則很容易被問倒，解釋起來浪費一堆時間，沒時間解釋時又徒增誤會。此外，談論金錢、性別、年紀或政治，需要衡量簡報對象的接受度，避免有爭議或讓人不舒服的話題。很多人會不小心踩到這種地雷。

5. 急著談募資細節

募資簡報時必定談到公司營運計畫，但是新創企業未來的變數還太多，預測太樂觀或太保守，對投資者來說，那些數字都不準確，而且將來會做多少生意、**每股值多少錢，也要等聽眾產生投資興趣，將來再找時間談**。畢竟募資與業務合作的第一次簡報重點，在引發對方的興趣，接下來第二次、第三次再進一步探討雙方合意的需求。

簡報技巧分享

搞不好你一生只有一次機會能見到某些投資者，沒有第二次重來的機會，所謂「簡報影響一生」，當年我代表公司做上市簡報時，就抱著這樣的精神，時間只限十一分鐘，投影片頁數又很多，我事前不斷反覆練習，才掌控在時間內完成。現在我也開課教人做簡報，關於如何做好募資簡報，有許多訣竅可以跟大家分享。

1. 負責人親自簡報

　　若要展現說明力，最好親自簡報，不要輕易找底下的財務或研發主管上陣代打，讓投資者或合作者有機會可以認識你。如果不擅長簡報或不方便親自簡報，至少一開始本人先上台，再由主管續談簡報細節，避免讓人誤會你不夠了解公司。

2. 掌握開頭兩分鐘

　　一般場合，可以讓聽眾慢慢詢問來釐清產品或服務的內容，但如果在競賽、募資媒合的場合，簡報與提問時間各不到十分鐘，甚至沒有提問時間，所以上台簡報一開始就要秀出重點，**頭兩分鐘就讓聽眾馬上知道公司的定位、產品的特色、可以為顧客解決的痛點或問題**，才有勝算。

3. 假設聽眾非同行

　　不是每個人都懂你的行業，尤其是愈高階的企業主管，對技術往往陌生，所以**每次募資簡報以「聽眾並非同行」的角度來簡報，比較安全**。前面講過，如果投資者一開始沒有弄懂專業術語，很容易糾結在那個點，就無法順利繼續了解簡報內容。

4. 簡報要精挑細選

請以「拍片」的精神來準備簡報。拍片的時候為求完美，同一畫面往往 NG 好幾次，重拍再重拍，直到滿意。簡報也是一樣，每一張內容都要仔細考量琢磨。**每次修正都會增加你對簡報的理解與記憶，也就不需要死背。**

每一張簡報都要有意義。由於簡報張數不能太多，**務必要檢視每張簡報的必要性、目的性、有沒有表達出重點、是否有正面加分作用**，用這個原則去刪減、濃縮簡報的頁數。**兩到三張的相關文字，可以縮成一張容易表達的圖表**。不想講的資訊，就千萬不要出現在簡報上。

5. 圖像化與立體化

事先濃縮、篩選內容，運用吸睛的標題及關鍵字，讓大家知道重點，並**採用條列、圖像化的方式**，讓大家一目了然。由於一張圖表可以講幾秒鐘也可以講幾分鐘，這樣一來，你在台上簡報時，就能彈性調整說話的長度。

建議適時把聽眾拉進內容裡，偶爾以台下的某位聽眾為例，**讓簡報更加「立體化」**，瞬間拉近簡報與聽眾的距離，也提高大家的注意力。

6. 善用八〇／二〇法則

簡報時間有限，該把 80% 的時間放在重點，剩下的 20% 時間再報告其他部分。

這個八〇／二〇法則，也可以運用在簡報對象上。假設來聽取簡報的有五十人，不妨選定其中十位較具決定權的與會者，事先了解他們的背景，並針對他們的需求，作為簡報的重點訴求。

請事前規劃，再視現場的反應，適度地調整簡報重點，**千萬不要依簡報張數來平均分配簡報時間**，因為現場的聽眾不同，想聽的重點就會不一樣，有些東西可以說詳細一點，有些稍微提過就好。

7. 不勉強回答問題

面對太過細微末節或不相干的問題，可以先技術性引開，或禮貌性表示，由於問題較細節，暫時保留，等簡報結束後再詳細回答或交換意見，先把重點的提問回應、說明清楚，**以避免珍貴的答題時間被壓縮。**

不太正確的回答，也不如事後再答，留下聯絡方式保留之後互動的機會，不必為了面子而硬答，因為如果遇到內行

人，可能被追根究柢而下不了台。

8. 不要答非所問

　　請開門見山，**直接回答問題，別迂迂迴迴才繞回到核心問題**，或離題談一些枝枝節節的事情，平白浪費提問者的時間，而且如果扯出一大堆內容，說不定反而暴露自身事業缺點。

小結

　　成功的簡報不單靠口才，**口才只是加分題而已，更重要的是能夠引起興趣與共鳴的簡報內容**，以誠懇、有邏輯、有亮點的表達方式，充分帶出公司的競爭優勢，贏得投資者下次續談的機會。一場動人的簡報，聽眾就算沒投資你，也會主動想要協助你的！

第二章
成長：購併、上市櫃

對於不斷發展的公司來說，企業購併是很好的成長策略，我也認為需要，但前期如何衡量綜效，及評估溢價的合理性、考量未來組織舞台發展等問題都相當複雜，如果懂得「切割」再議價，彼此讓一步，就容易多了。出價者如果也懂得被購併者的需求，談起來就會順利，合作也更愉快。

我從 2004 年開始購併多家公司，又在 2010 年加入大聯大控股，對購併有相當程度的實務經驗，將在本章探討溢價問題、分析購併雙方的考量，以及說明如何討價還價等等執行細節，提供實用的「購併攻略」。

購併並非只是數字上的得失而已，它已經到了很深的心理層次考量，甚至到哲理的程度，因此我稱它為討價還價的「藝術」，它影響了購併的成功與否，大家可以細細咀嚼。

此外，企業成長到相當的規模，為了更進一步的發展及方便取得更多的資金，或考慮股票的流通性，幫投資股東的解套，就會開始思考上市櫃的問題，上市上櫃有利有弊，到底該如何取捨？也在本章一併說明。

1 溢價購併反而獲利更多

為何要購併？購併有何好處？

有個創業家，創立公司十年來表現不錯，行業也應該還有好幾年光景，但是他在發展上總有瓶頸，在許多領域不得其門而入，甚至專長的領域也遭同業侵蝕，於是開始思考購併事宜，但遲遲未成行。

另一位創業主則有資金需求，同時也面臨成長瓶頸，缺乏全方位的人才，所以希望引進策略夥伴，只是多少會擔心失去控制權，因而猶豫未決。

還有企業主表示，了解到購併對他的公司未來應有很大的幫助，與幾個對象談過，但不知道為什麼卡住了，最後也沒有成局。

他們基於過去沒有經驗，心中會充滿疑問，包括購併時機、雙方考量、綜效、組織變化、管理變革等等，因此影響到行動力與結果。

我自己創辦的友尚公司，在 2000 年上市時，營收只有 69 億，2004 年開始陸續購併了一些公司，因為購併而成長迅速，年營收在 2008 年突破 1000 億，繼而為了追求「世界第一」與永續發展，2010 年又加入大聯大產業控股。大聯大在 2015 年躍升為電子零組件通路業全球冠軍，同年營收達 5400 多億。

不過二十年前，我也不了解購併的意義與好處。猶記，1990 年代，美商在亞太區，包括台灣，大舉購併本土電子零件通路商，付出很高的溢價，在淨值之外又加碼年度平均獲利的十至十五倍。假設公司股東權益（淨值乘以股本）為 1 億，年度平均獲利 5000 萬，出價十倍，美商的買價就是 6 億元（1 億＋ 5000 萬× 10）。那時候，創業者只要願意賣，就躺著賺十年，甚至十五年。

對方到底賺什麼？

當時我跟很多同業一樣百思不解，納悶美商為何願意付

這麼高的溢價，「覺得對方好傻！」由於不太了解購併的意義，就算有買方或賣方洽詢，也沒有積極去談。

後來我才發現，當年美商的算盤其實打得很好，因為他們看上的「獵物」是具有未來成長性的企業，**表面上雖然多付出十倍以上的獲利，但是買進的公司，它的營收獲利每年成長很可觀，因此未來的獲利數字極可能以複利方式倍增，這些多賺的金額都進入購併方的口袋。**

假設說，買賣雙方市場與產品結合後，加上自身的成長動能，基本業績成長可能達 10%，毛利率或淨利率也增加 10%，而後端開銷也降低 10%，一來一往就產生 30% 的綜效，那麼以「年複利」的角度來計算，四年的成長就是 $1.3 \times 1.3 \times 1.3 \times 1.3$，第一年 1.3，第二年 1.69，第三年 2.19，第四年 2.85，四年總計 11.74，這說明為何投資者捨得溢價購併，願付十倍以上的獲利。

合併後的業績、營收成長動能其實不一定剛好 10%，新創企業的營收自然成長或可高達 30% 到 50%。此外，毛利率的增減、後端開銷的降低，也是依實際狀況而有變動。這裡只是先簡單假設都是 10%，方便我們計算、理解，如表 1 與圖 1。

| 表1 合併獲利的綜效 | | | | | | | | | | |

IRR	第一年		第二年		第三年		第四年		第五年	五年獲利加總
20%	1.2 1.2	X	1.2 1.44	X	1.2 1.72	X	1.2 2.07	X	1.2 2.48 ➔	8.91
30%	1.3 1.3	X	1.3 1.69	X	1.3 2.19	X	1.3 2.85	X	1.3 3.71 ➔	11.74
40%	1.4 1.4	X	1.4 1.96	X	1.4 2.74	X	1.4 3.84	X	1.4 5.37 ➔	15.31
50%	1.5 1.5	X	1.5 2.25	X	1.5 3.37	X	1.5 5.06	X	1.5 7.59 ➔	19.77

提醒：獲利成長率可能逐年降低

除了上面主要的綜效（即營收、淨利的成長，與開銷的降低），買方之所以願意付高額買價，是因為還有下面這些**「相乘效果」**或**「附帶效益」**。

1. **產品面**：購併對象的商品，未來都可以一起賣給同一客戶，因此更多產品可以賣，產品線互補或加乘、**滿足客戶一次購足的需求**，同時也提高客單價。

2. **市場面**：某些地區，被購併方已經深耕許久，買方卻還

圖1 合併的綜效

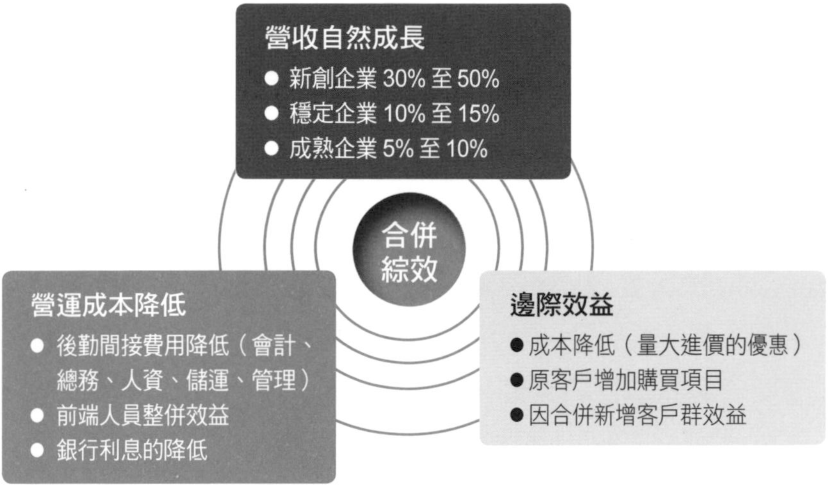

營收自然成長
- 新創企業 30% 至 50%
- 穩定企業 10% 至 15%
- 成熟企業 5% 至 10%

合併綜效

營運成本降低
- 後勤間接費用降低（會計、總務、人資、儲運、管理）
- 前端人員整併效益
- 銀行利息的降低

邊際效益
- 成本降低（量大進價的優惠）
- 原客戶增加購買項目
- 因合併新增客戶群效益

很陌生，**就可以藉由購併一舉進軍這個新市場**，雙方市場區域可以互補。

3. **客戶面**：如果買方進入新市場自己經營，就算找到理想中的客戶，也沒有深厚「關係」。反觀對方在當地經營長久，客戶關係穩固，如果購併交易成功，那麼對方擁有的老客戶，順理成章就變成買方的新客戶，**客戶基礎就由此一夕擴大了。**

4. **開銷面**：另一個支持溢價的理由，就是開銷的減少。由於雙方在行銷、業務、後勤、設備、廠區、辦公室的需求可能是共通的，就可以不必多花一份錢。整體開銷降低、前端或後勤整合效益提高，**省下的成本都是購併案的利潤空間**。

5. **人才面**：**透過購併，買方可以充實人才庫，吸納原本欠缺的特定專長人才**。例如研發高手、業務達人、高階經理人等，而且購併後的公司規模與知名度會提升，對外更容易招募到符合期待甚至高於期待的優秀人才。

6. **股票面**：大公司的股本大，在外流通的股數多，買賣通常比較熱絡，因此交易價格也比較漂亮。購併之後的存續公司，**股票交易量會增加，因此股價也正面成長，帶來較高的本益比**。

7. **競爭面**：買家出手購併競爭同業的例子不在少數。透過購併來減少競爭者的策略思維很合理，也往往能奏效，一撇過去雙方在市場上互相拉扯、削價競爭的紅海局勢。**以「親事」（購併）取代「戰事」（競爭）後**，減少了時間與金錢成本，更**同時消滅了對手**。

8. **營收面**：總營收增加，就容易布局，例如到海外拓點，購併後的生產線或代理產品增加，如此營業額水準才

夠，能夠僱用多一點員工，容易擴大製造、業務、客服甚至研發部門的編制，以更大的團隊力量去開發與服務廣大的客戶。**這就是「大者恆大」的道理。**

9. **風險面**：公司合併後的產品項目更多元，可分散產品銷售風險，即使其中一項產品銷量不佳或出現其他問題，也可以很快由其他產品補回營收缺口。同理，合併後的客戶數目更多，也不致因為單一客戶流失或倒帳而大失血。也就是說，當公司變大了，單一產品滯銷或客戶流失的金額，**比率變小，更容易自我修補。**

10. **談判面**：不管是採購、物流、租賃各方面，合併後的需求量通常會更大，**議價空間也更大，可以拿到好價錢。**同理，公司的營收變高，向銀行融資也更有談判籌碼，說不定是銀行主動上門提案，還能「貨比三家」，得到最佳的利率。

　　買方決定購併與否的因素很多，只要上述兩、三種效益就能構成強烈的動機。只是一般台灣的企業主都習慣自己慢慢成長，覺得沒有必要購併。當初看到美商大舉來台收購同業，多數同業也以為如果要擴展事業版圖，美商自己來台灣設點就好了，就像我們初期到大陸地區發展也是自己設點，慢慢開展業務。

不過，當時的發展速度緩慢，即使拿到代理權，很多的潛力客戶因為當地代理商經營已久，難以撼動，同時，兩地經營的品項也不盡相同，沒有優勢可言。更難的是缺少當地好人才，也沒有好的客戶關係，少了這些當地的資源，就不易發動攻擊。此外，管理文化更是不一樣。

在深入了解美商的策略後，我才慢慢了解為何需要付出溢價去購併，所以從 2004 年開始，我也積極展開各種形式的購併，前後超過六家，**成為控股集團，果真也收到不錯的效益，成功提高公司的整體價值。**

積極去購併或接受購併，公司成長才會更快、更穩定，公司也更有價值。

② 廣義購併的五種形式

　　一般人聽到購併，都有些害怕，不太敢去碰它，以為一定需要達到股權過半才算數，但是廣義的購併，包括業務移轉、只買資產、小額投資或合組新公司等多種形式，並沒有那麼困難，逐項說明如下。

一、業務移轉

　　如果只是看中某個業務，購併整個公司感覺太龐大，也談不攏，而且賣方不想做這項業務，分量也不大，自然就不必為此勞師動眾來發動購併，**只需要業務移轉，類似策略聯盟**。這類的移轉，除了庫存外，仍需要付出補償金，補償對方既得利益的損失，**通常以現金加未來分潤方式作為補償金，不必涉及股權變動**。

「補償金」可能是齊頭式或階梯式的分潤，假設為後者，分五年，按移轉部門所帶來的年度獲利計算。例如第一年給100%、第二年70%、第三年60%、第四年50%，第五年20%（總共300%，形同給三年補償，分五年兌現），逐年遞減是合理的。年數不一定是五年，也可以少至三年或多至六年。當然也可能只給一年或兩年的補償，補償金的高低端看雙方談判籌碼。

二、只買資產

買公司可能會出現或有負債（Contingent Liability）的風險，因為不清楚對方公司過去的欠稅紀錄、合約或賠償問題，所以只購買資產（應收帳款、庫存、代理權、客戶、員工）比較保險，資產價值再加上合理的補償金，以現金購買，**如果賣方希望擁有買方股票，可另辦私募或現金增資讓賣方入股，成為股東夥伴。**

只買資產，**原公司仍可留給原企業主，原企業主可以運用原公司的財務基礎，繼續經營其他行業，或留給第二代運用。**尤其是銀行額度取得不易，通常是多年累積出來的信譽，捨棄掉非常可惜。

為避免應收帳款回收認定的爭議，我通常不購買應收帳款，讓併入的員工仍繼續催收，但款項匯入原公司戶頭。

至於庫存，我通常先付清七成，最後三成待半年或一年後再結算，如果仍未出清，可以退回原企業主自行處理，或委託買方繼續以折扣方式出清存貨。**如果連七成都不敢買斷，表示進貨中的呆料超過三成，可以斷定原團隊的經營品質太差，或自己沒把握處理存貨，那我建議最好不要購併。**

三、投資入股

一般常見 A 公司投資入股 B 公司 19%，這是因為股權低於 20%，只需要以成本法入帳，**不必每個月等被投資公司的報表認列損益**，年度再一次認列損益即可，會計帳較為單純。這是為什麼常看到投資者寧願投資 19%，不願意投資 20% 的原因。

反之，如果高於 20% 但未滿 50%，入帳須採用權益法，每個月的帳都要把雙方的損益加總起來，不賺錢的對象就會拖累買方，而且大公司一般來說結帳較快，小公司則因為要求不高、結帳比較慢，可能跨次月才結帳，**導致營業規模較大的買方還要苦等報表。**

有些買方看重合併被併公司的營收，合併營收對自身公司營收成長有利，特別是上市櫃公司希望報表數字好看，就會投資超過 50% 以上，依法不只可以用權益法合併損益，而且可進一步合併營收數字。

四、合組公司

當雙方公司營運比較複雜，例如業務多元、資產龐雜、股東分派系、組織架構複雜、獲利來源很多等等，直接談購併可能會談不攏，但是彼此也許有共通利基點，**就可以各移轉局部的部門加上新資源，成立新公司。**

很可能雙方都想進軍某一個新市場，只是各自獨立做又做不好，各自缺乏某些資源，也缺乏經濟規模，不如攜手合作成立一家新公司，共同經營。

也有一種情況是，大家各有不錯的基礎，都想開發某些客戶群或拓展國際化行銷，獨立去做可能利基點及經濟規模不足，可考慮單純把行銷業務切出來，合組新公司一起幫大家做開發與銷售，因此不會牽動到各自的工廠。

原來兩個公司仍維持原組織運作，只將打不進去的客戶或尚未開拓的區域切出來，由新公司負責行銷，**新公司形同**

是兩家的特定代理商，只要談好適當的佣金回饋即可。

在我輔導企業接班人的經驗裡，這些企業二代交流互動，多少都會激發新事業火花，他們也採取籌組新公司的方式，在不影響各自老字號公司的結構與運作下，去建立自己的新戰功。

合組新公司的持股占比，依股東的未來貢獻度來推估，但為了避免推估不準，**可以事先書面約定兩、三年後，依據實際執行成果重新做找補（超過的減量，不足的加量重新設算，補好差額）**，透過新一輪增資，讓實際貢獻度大的股東增加認股，調整到適當的持股比率。

五、產業控股

已掛牌的上市櫃公司，也可以合組產業控股公司，讓原來的公司下市櫃，由控股公司出面掛牌，「罩」住所有公司，股東們則依適合的換股比率取得控股公司的股份。

典型的案例就是大聯大產業控股，大聯大控股的組織是由過去六家上市櫃公司組成，初期由三家上市櫃公司組成，後續擴充至六家公司。大聯大擁有六家公司 100% 股權，六家上市櫃公司陸續下市櫃，原股東改持大聯大股票。控股公

司不一定要 100% 持有旗下公司股權，只要超過 51% 即可，視雙方需求狀況決定是 51% 或更高。**產業控股的優點是旗下公司仍獨立運作，不影響原團隊的組織，各自保留原公司的名字，沒有被消滅或出售的問題，形同加入聯盟共同打國際盃。**

初期只有設立共同 KPI，讓各集團依循運作，並整合後勤物流，積極提高效率，降低成本。**穩定之後再漸近式整合企業資源規劃（下稱 ERP）及前端行銷業務。**

各集團過去獨立運作時無法與同業做比較，通常會自我感覺良好，但在共同 KPI 的比較下，每個月執行長會議公布 KPI 達成率時，就容易發覺別人的優點與自己的缺點，在互相學習、自我改進的氣氛下，發揮了最大的綜效。

由於是漸進式整合，以及原集團維持獨立運作，執行起來相對容易很多，是一個很好的購併模式。

小結

購併成功可以產生很好的綜效，讓業績繼續保持成長，但也有很多失敗的例子，除了少數因評估不夠深入，購入之後才發覺很多黑洞，大部分的原因出在人及組織的問題，或

因組織安排不當，或因相互排擠，無法通力合作，**因此建議在人及組織上要多下點工夫，才不會失敗。**

3 購併討價還價的藝術

　　啟動購併時，首先會碰到的是溢價合理性的問題，要兼顧市價、淨值、EPS、資產、專利、技術、客戶、市場價值的合理性，加以綜合考量後，還要符合雙方的期待，相當複雜，但卻是購併談判成功的關鍵之一。

　　通常雙方會討價還價，一個想買低，一個想賣高，兩邊會扯很久，因為都想爭取對自己有利的算法。購併溢價的計算方式有很多種，包括市價法、「市價、淨值、EPS綜合比率法」，國外則常用 EBITA 倍數法，或股價淨值比（P/B）、股價營收比（P/S）、本益比，不過這幾種在國內較少用。以下就我個人慣用的兩種溢價方式做解析。

市價、淨值、EPS 綜合比率法

只用單純市價買賣的稱為「市價法」，但一般比較不可能只用市價認定，所以少見。**「市價、淨值、EPS 綜合比率法」，綜合考量了三個重要關鍵價值，比較面面俱到，一般來說雙方會認為比較公平**，彼此都容易接受。

市價、淨值、EPS 的比率應該各是多少，是一個重要原則，但有時候很難有共識。其次在計算 EPS 或市價時，究竟是以什麼時間點為主，雙方的看法也會不一樣，淨值重估認定價值也是爭議點。

但是如果懂得切割成數個時間點，再賦予各種不同比率，談判起來就順利多了，可能根據計算出來的結果，彼此再妥協一下就成交了。接著，進一步介紹「市價、淨值、EPS 各三分之一切割法」。

市價、淨值、EPS 各三分之一切割法

買賣雙方都應該知道市價、淨值、EPS 每一項看起來都很重要，缺一不可，為了減少溝通成本，建議先以市價、淨值、EPS 都各占三分之一，比較容易繼續往下談，假設由買方先出招（也可以賣方先出招），再看賣方意見微調，也就

是說切割成每項占 33.3%，可加減 5% 至 7% 範圍，如果賣方堅持某一項比率較重要，再加減微調，這樣就簡單多了。買賣雙方當然都會希望調高對自己有利項目的占比。

賣方很堅持調高占比的項目，假設是淨值，買方就大方一點，調高比率，例如從原本的「市價 4：淨值 3：EPS 3」，修正為「市價 3：淨值 4：EPS 3」。假設賣方堅持的是 EPS，就可考慮調整為「市價 3：淨值 3：EPS 4」。

從圖表中顯示兩個本益比差異很大的案例，經切割成三

表1 換股試算表

	市價	淨值	EPS	本益比
A	60元	20元	3.6元	16.6
B	40元	25元	1.8元	22.2
比率	1.5	0.8	2.0	
比重	40%	30%	30%	換股比
	0.6	0.24	0.6	➡ 1.44
比重	30%	40%	30%	
	0.45	0.32	0.6	➡ 1.37
比重	30%	30%	40%	
	0.45	0.24	0.8	➡ 1.47

	市價	淨值	EPS	本益比
A	60元	20元	3.0元	20
B	40元	25元	2.5元	16
比率	1.5	0.8	1.2	
比重	40%	30%	30%	換股比
	0.6	0.24	0.36 ➜	1.2
比重	30%	40%	30%	
	0.45	0.32	0.36 ➜	1.13
比重	30%	30%	40%	
	0.45	0.24	0.48 ➜	1.17

等份，即使賦於不同的占比，**但計算出來的換股比率差異不大，都在 5% 至 10% 的範圍內**，稍微再妥協一下就可達成共識。這樣的方式讓彼此有伸縮及退讓的空間，**兼顧彼此的利益，不至於讓談判僵住。**

市價均價

談妥了市價、淨值、EPS 的占比大原則，接下來在市價這個項目上，不同時間點有不同的價格，也可以依照上面這個切割邏輯，切割成數個時間點，再討論各個時間點的合理占比，**一般來說愈近期的比重愈重是合理的。**

　　比方說可以看四個時間點：一年前、六個月前、三個月前，和最近一個月的均價，各個時間點的占比可以是 20%、20%、30%、30%，或者 15%、15%、30%、40% 或者10%、15%、35%、40%，如下表。

表2 市價試算表

	12 個月	6 個月	3 個月	1 個月	市價綜合平均
市價	60	55	65	70	
比率	20%	20%	30%	30%	
	12.0	11.0	19.5	21.0 →	63.5
比率	15%	15%	30%	40%	
	9.0	8.25	19.5	28.0 →	64.7
比率	10%	15%	35%	40%	
	6.0	8.25	22.75	28.0 →	65.0

　　同樣地，你可以發現，雖然各個時間點的占比有差異，但算出來的均價差異不大，落在10%以內的範圍，彼此再折衷一下就成了。

財報淨值及淨值重估

基本上財報上的淨值不能直接拿來當換股的設算基礎，因為不動產購入時間點不同，其重估價值差異很大，而且**每家公司在設備折舊、呆料、呆帳、商譽的提列政策及習慣會有不同**，甚至差別很大。提列政策嚴謹或寬鬆，會影響到固定資產、存貨金額、應收帳款、殘存商譽的金額，直接關係到淨值的高低，**雙方需先討論出共識，採用一致的原則，重新估算。**

至於不動產的重估，雙方宜請公正第三者鑑價，再討論出合理的價值，也可以**將不需要合併的不動產先切割出去或售出**，再進行合併，避免價值認定差異太大而談不攏，盡量讓交易單純化。

原先財報上的每股淨值，需經上述重估或切割後重新計算，才可得出雙方接受的修正淨值，作為合併時淨值的換算基礎。

EPS 推估

買賣雙方過去幾年及未來一、兩年的 EPS 各有不同，代表不同時間點的經營成果，以及未來的展望，買賣雙方一

定朝自己有利的方向爭取高占比，各自都有其看似合理的理由，常常爭執不下，如果比照上述的切割邏輯，就容易處理多了。

　　舉例來說，可以看兩年前、一年前、今年、明年的EPS，給予每個時期的 EPS 不同比重，過去最近期及未來最近期的比重較重，比率可以分別是10%、20%、30%、40%，或者 15%、15%、40%、30%，或者 10%、15%、45%、30%，如下表。

表3　EPS 試算表

	前兩年	前一年	今年	明年	EPS 綜合
EPS	5.0	4.0	4.5	6.0	
比率	10% 0.5	20% 0.8	30% 1.35	40% 2.4	→ 5.05
比率	15% 0.75	15% 0.6	40% 1.8	30% 1.8	→ 4.95
比率	10% 0.5	15% 0.6	45% 2.02	30% 1.8	→ 4.92

在這個方法中，雖然占比有高有低，但因為已經分成四個項次，算出來的數字不會差太遠，都在 10% 的範圍內，彼此互讓、稍微調整一下就可以了。

淨利平均倍數法

還有一個慣用的公司總市值計算方式，我稱它為淨利平均倍數法，公式如下：

公司總市值＝
公司股東權益（淨值 × 股本）＋二至七倍的年度平均
獲利

如果談定是四倍（400%），買方可以直接照公司總市值一次付清。買方也可先付清公司股東權益部分，外加一半（200%）的溢價，**剩下的溢價部分（200%）延長到後面五年付清，依當年獲利分期計算**，依序為 70%、50%、40%、30%、10%（合計 200%）。這對買賣雙方都合理，**如果未來獲利有成長，賣方依獲利回收更多，同時也保障了買方，因為萬一獲利不好，也不用付出那麼多。**

至於到底是兩倍或七倍，端看未來行業前景及發展潛

力，以及對買方的策略價值的重要性，還有誰較需要誰、誰有時間壓力，其中的談判空間甚大，需有耐性地展現各方面的優點，讓買方願意提高倍數。

兩倍至七倍是近期台灣電子零件通路的參考倍數，過去台灣也曾高達十倍，美商上市公司出價更可達十至十五倍以上，因為過去美國上市本益比可達十五至二十倍。**不同行業出價的倍數不同，端看該行業上市櫃的本益比高低而定，只要比買方上市櫃本益比低就算成功。**

至於一些新形態的電子商務公司，本身可能營收很小，或還沒有賺錢，甚至淨利很低，不適合以營收或獲利來計算交易價格，但可以用網站流量或會員數來估價。

買方大方一點，雙方看遠一點

由於購併的綜效大概要一到兩年才能顯現，雙方不妨都將眼光放遠一點。舉例說，換股時賣方堅持自己算出的價格32 元，比買方的評估高 2 元，但是買方公司目前的股價 40元，看好購併成功後一到兩年，因為合併綜效有機會漲到 60元，未來價差會有 20 元，因此就不要太計較現在買貴 2 元，**因為通常買方占大股，未來受益更多，可以大方一點讓利。**

　　小公司被大企業買走之後，可以享受換股後較高本益比的利益，以及未來合作綜效的額外收益。所以說，**雙方如果都看未來長期的效益，就不必太斤斤計較。**

　　購併案大部分是由買方發動，不過交易價格彈性空間很大，要「看誰比較需要誰」，如果出現很多組買方剛好都在看同一家公司，那麼被購併的一方就有更多選擇權及喊價的空間。即使是被購併者，也不要認為是大企業要吃掉自己，**而是考量是否一加一大於二，能夠把餅做大，共同享受合併的綜效利益。**

購併交易方式

　　最簡單的方式是現金交易，但被購併方無法享受未來合併綜效的利益。另一種是以換股方式為之，買方不必付現金，只要發行新股增大股本而已，賣方也可以享受未來的合併利益，包括較高本益比或高流通性，以及未來合併綜效的好處。

　　當然也可以局部現金加局部換股交易，先滿足賣方兌現（Cash Out）一部分的需求，留一部分享有合併所帶來的利益。

④ 購併的細節

購併過程中的討價還價重點，除了交易方式、價格問題，還有幾個地方需要買賣雙方了解並取得共識。

一、工作舞台

工作角色、頭銜及作業獨立性、組織結構等問題，**看似小事情，卻是談成交易的大關鍵。最好是買方主動設想，創造一個原企業主可以發揮能力的舞台**，並給予符合其身分的適當頭銜，達到善用人才的目的。

建議盡量遵從原企業主的期望，尤其是關於面子問題的頭銜，賣方礙於面子可能也不會開口要求，如果不然，最壞狀況也要給他們位高但無實權的漂亮頭銜，盡量滿足他們未

說出口的期望，他們會很高興。這一點沒有給，搞不好就卡住了。至少原企業主可以發揮精神領袖的角色，帶領原團隊與新團隊合作，有其價值存在。

購併進來的公司或加入控股的公司，如果仍保留原公司存在，沒有被消滅，**這樣就仍保有原董事長及總經理的位置，人事安排上較為容易**，表面上頭銜仍掛著原公司董事長及總經理的頭銜，但運作上卻是事業單位（BU）、部門化的組織，也就是對內部而言，在集團裡只是部門的主管，仍要報告給控股公司的董事長及總經理，裡子及面子都顧到。

二、薪資保障

要說服員工加入新組織，工作方面的保障，**包括薪資、獎金、紅利制度最好能夠銜接**，通常會希望一、兩年內保證不裁員，以及總薪資待遇不低於過去的水準，做到這樣才不會造成阻礙。

一般來說，每個公司的薪資、獎金與紅利制度大都有差異，但屬於短期問題，初期的一到兩年，可採兩套制度並行方式，計算後取數字高者發放獎金與紅利，一段時間後再慢慢漸進融合，直到全部納入新規範。

三、年資結清

雖然購併之後，年資原則上可以延續，員工權益不受影響，但是多數員工會期望結清年資，先落袋為安，再重新上任。這對購併者較沒有保障，一方面是還要馬上多花一筆錢，有可能準備金不夠，之前我公司購併其他企業就遇到同樣的事情，為了談成交易勢必需要妥協犧牲，後來與對方各出一半錢，讓員工先拿到退休金，安他們的心。

另一方面，員工年資結清之後不就任新職的可能性更高，購併者要跟原企業主團隊溝通，至少取得主要幹部的承諾，**雖然年資已結清，但建議年假可以延續，在表揚資深員工時也應該讓被購併的員工延續年資，避免因小失大，流失人才。**

四、文化適應

公司的辦公室文化很抽象又很難定義，包括管理風格、領導風格、服務理念、福利制度……可以天差地遠，比如說重視和諧或強調英雄主義、分紅雨露均霑或黑白分明、中央集權對照充分授權、管理嚴謹對比彈性管理、偏中式管理還是偏美式管理，因此文化適應也是企業主在購併時常會顧慮

的層面。**同樣建議初期盡量尊重原來的文化，再採漸進式的轉化，以順利融合。**

五、作業制度

　　每家公司的硬體與作業系統都有些差異，包括客戶關係管理（CRM）系統、上下班打卡規定等，除非影響很大，**否則初期不宜做太大的改變，先求穩定，之後再改**。以大聯大為例，合併初期各集團仍擁有其原來的 ERP，到第七年才整合成一套 ERP。

做好「讓步」的心理建設

　　總歸來說，要讓購併順利進行且成功，甚至購併後的整合順利，雙方都要有讓步的心理建設，以下是我的觀察與提醒：

1. 被購併方的員工通常會感到似乎矮人一截，心理面較容易受傷，因此發動購併者要多加「呵護」，**言談之間要很小心，有時候還要刻意偏袒。**

2. 被購併的對象既然有它的價值，對於上述的溢價、頭

衛、員工保障、年資結清等訴求，**買方可以大方一點，因為這些都是短期影響而已**，而且買方追求的是長期綜效，宜先求穩，不要把短期降低成本的事情擺在第一位。

3. 合併的過程中，有些員工不願意配合移轉，但只要穩住主力幹部，也不致有太大影響，**因為原則上沒有什麼人不可以被取代**，一段時間後就可以彌補過來。

4. 合併前先想清楚策略意義，要麼就不參加合併，要參加合併就要以公司的最大利益為考量，不要再有狹隘的本位主義。**被併的公司高階主管應帶頭配合各種改變，說服下屬配合這些改變**，而不是跟下屬一樣站在反對、抗拒的立場，陽奉陰違。

5. 被併的員工也不必急著換工作，先適應一陣子再決定也不遲，理由很簡單，**提早離開換新工作，跟購併之後有新主管、新作風是一樣的。**

小結

　　購併在歐美地區風行很早，企業主、員工都習以為常，他們認為購併只是大股東換人，覺得頂多好像換一個執行長

來管理與領導而已，其他各方面都正常運行。反觀大多數台灣企業主，總覺得自己創辦的公司就像自己的孩子一樣，要決定賣掉或移轉經營權，交給別人管理，多有顧慮與不捨，尤其面子問題更難放下，其實大可不必，**有許多細節是可以先談好的，兼顧面子與裡子。**

⑤ 上市櫃優缺點分析

「公司要不要上市櫃？好處是什麼？」、「上市櫃到底好或不好？」創業者常面臨這樣的選擇題。每當公司發展到某一個時間點，創業者就需要開始思考這件事。

上市櫃的原因可能是創業者原本就抱著「公司上市」的夢想，也可能是接受法人或者創投的投資，由於法人或創投預計「出場」，因此一定要上市櫃。

只是創業者需要先想好自己到底想不想、要不要上市櫃，上市櫃的目的又是什麼？如果想走上市櫃，「目前的營收獲利」及「未來的成長性」兩大條件是否滿足？上市櫃後是否能利大於弊？

上市櫃的優點

每年都有很多公司前仆後繼，走向上市櫃之路，因為上市櫃確實有它的好處，甚至是必要性。

1. 籌資方便

當需要融資（借款）或募資（增資）時，上市櫃的公司比較容易辦到。上市櫃公司有會計師的簽證，也有可靠的會計報表可以看，**財務比較透明，因此要對外融資或增資時都比較容易取得信任，成功取得融資額度或募得資金。**

基於這個理由推動上市櫃的企業，可能是「未來資金吃重」的經營類型，比如說營運上容易有大量的庫存，或應收帳款期比較長，現金流可能是負數，不時需要資金周轉，或者未來需要擴充廠房、設備或新增營業據點，需要增加大量資金。

2. 市場信心

續上，順利融資或募資之後，公司的財務自然比較穩固，如此一來，客戶或供應商也會比較有信心，對生意往來有幫助。

3. 商業價值

上市櫃之後，公司就有「市價」，比較容易呈現公司應有的價值，利於商業談判，在購併或被購併時，更容易達成對於交易價格的共識。

4. 移轉持股

公司的股票在上市櫃後便具有流通性，也有股價參考值，**有利未來事業交棒、轉移持投**，也方便過給策略型投資人。

5. 股票套現

創業過程中，可能需要引進次要股東、讓員工或親友投資入股，公司股票在上市櫃後，**有了流通性，方便舊股東們在需要的時候把股票套現**。

6. 員工福利

依《公司法》規定，上市公司增資的時候，**要保留 10%給員工認股**，這些公司的增資股，能讓員工以市價的八折到九折買到公司股票，但不限制交易，**等於員工福利的意思**。另外，也可以讓員工享有股票選擇權，由公司在適當時機以

特定價格發給員工，讓員工可以在未來適當時間點賣出，賺取合理的價差。

7. 吸引人才

公司上市櫃後，知名度高了，會讓員工來此工作比較有信心，也感覺比較有保障，公司也有更多福利工具可以使用，包括技術股、股票分紅、增資認股、認購權證等等，來吸引與留住人才。

上市櫃決策的提醒

不過要提醒，如果股本小，流通性也低，股價就易漲易跌，卻不容易有大量的成交，很多時候單單只是賣了一百張，就可能造成跌停板。反過來說，股本大的公司要賣兩千張也不算多，因為會有很多投資人來買，但股本小的公司要賣出同樣的張數就不容易了。

所以，**我建議上市櫃的股本也不要太小**，否則花一堆錢，反而到頭來只是綁手綁腳，而且上市公司大股東賣股需要事先申報，不容易出脫，一般也是選擇在盤後交易，一次過完，以免影響當天股市。

如果是一家很賺錢又不需要資金的新創，比如天天收現金的終端零售服務業，這樣就沒有上市櫃的急迫性。除非，這家公司需要知名度、想經營公司形象、希望吸引更好的人才，或讓股票更有流通性。

創業初期，你自己的持股比率可能還不錯，但往後也許需要增資，自己又沒有錢可以投入時，股權將被稀釋得愈來愈少，想要穩住經營權，就要力保可控持股超過其他股東或「市場派」，否則隨著資本愈來愈大，股權愈來愈分散、稀薄，市場派可能會侵蝕你，引發經營權之爭。

不過，**如果在募資過程中接受了創投的資金，就勢必會面臨上市櫃的問題**。企業主一旦接受了創投的資金，即便公司本身都還不成熟，也會被推著往上市的方向走，因為創投基金大都有七到十年結算報酬的壓力，這是你接受創投資金前必要的基本認知。

我鼓勵公司負責人以準備邁向上市櫃的心態做一套帳，可以備而不用，因為現在不缺資金，但未來可能會缺資金，可能購併其他企業或被購併，也可能需要交棒，到時候都會被逼著長大，提早暖身預備，有好無壞。

第三章

人才：選才、用才、育才、留才

「人才」是創業中最重要的關鍵因素，有好人才，才有好的創意，好的產品，好的組織，好的管理，營運才能順利推展。

我在創業過程中，發現韓國三星（Samsung）對人才的重視程度，體會到其重要性，因此特別注重人才的「選、用、育、留」課題，不惜花很多時間在應徵人才，也努力創造平台給他們，我還特別自編教材及課程，打造內部講師文化，傳承經驗。

留才也是一大學問，除了精神上，也要有經濟上的實際激勵才能有效留才，但激勵措施的制度不容易設計。

這一章，我花了較大的篇幅，詳盡介紹我的選才策略、育才成果、用人哲學，及留才獎金制度。

1 選才：高階主管親自面試的七大好處

　　企業的「企」字若缺了上頭的「人」，就只剩下「止」了，如果沒能找對人，就會成為一灘死水，停滯不前。反之，找對一個人也許可以省三年，那麼，花三到六小時來面試人、找到對的人，成本效益其實很高。

　　主管再怎麼忙，也應該排除行程上其他事情，親自面試應徵者，畢竟選到適合的人、對的人，絕對是做好事情的首要關鍵。但很多主管常會說：「我很忙，沒時間面試人。」在我看來這其實本末倒置，因為「人」的問題搞定了，後面的「事」自然有人解決。

找人才，誰要配合誰？

　　某次會議中，我問 A 主管：「你之前不是面試了一位

求職者，底下的人也覺得不錯，為何還沒有錄用？」A 主管回答：「因為時間一直配合不來，像我跟他排今天早上八點半面試，他又沒有空。」我接著問他：「那為什麼今天一定要跟他約八點半呢？」A 主管說明：「因為我之後緊接著有許多重要會議。」

當下我就告訴 A 主管，人的事情永遠應該排在第一順位，即使碰到我主持的大會議，需要面試時也可以跟我報告：「不好意思，我等一下有個面試，應徵者排好久都排不進來，所以我必須在會議中途離開半小時跟他面試。」面試回來後，我還可以親自再把剛才開會 A 主管沒聽到的重點再告訴他。

我常強調，為公司擇人，應該是公司去配合對方的時間、地點，**不管對方約我們吃早餐、吃宵夜，還是希望在機場過境大廳，甚到在國外面試，都應該盡量配合**，非得要求對方來配合我們的行程，讓人才都跑光了。

還有一次，公司徵求法務人才，但遲遲沒有結果，我問管理部 B 主管：「進行得怎麼樣了？」他回答說：「已經面試到不錯的甲君，但想再等等看，找到另一位優秀的候選人，再一起呈給曾先生（我）做最後決定。」一問之下，才知道 B 主管這一等就是一個月，我說：「如果甲君是人才，

早就被其他公司延攬，怎麼還會等我們考慮那麼久？」我告訴 B 主管，面試甲君覺得不錯的第一時間，就該把資料給我來判斷，**才不會因為擱置一時而失去找到好人才的機會。**

面試，該由下往上嗎？

很多高階主管會覺得自己日理萬機，沒辦法擠出時間面試人，所以習慣由底下一路篩選，再由高階主管做最後一關面試，覺得這樣比較省時。我的看法不同，我認為，人資部門快速做了基本篩選後，就該直接讓高階主管參與面試，反而可以精確地在短時間內判斷應徵者是否夠格。

有次我聽韓國三星主管提到，**三星董事長很重視人才**，特別是對於即將擔任幹部的同仁，**每當有人要晉升，都會親自面試，甚至還帶一個面相學家在旁**，觀察預備晉升者的談吐、面相、性格等特質，作為參考。等三星董事長自己熟悉了觀人術後，就不需要面相專家協助，但還是持續親自面試預備晉升同仁的做法。

當時，我公司規模正在擴大，我和總經理正考慮是否跟其他公司一樣，採取按部就班的方式，初期由人資部門徵才，經各級主管層層篩選，再讓我跟總經理最後定奪。聽了

三星董事長的做法，便打消念頭，繼續維持「由上往下」的面試模式。

後來有次看電視節目，節目來賓就討論到，上市公司阿里巴巴創辦人馬雲是個大忙人，**他也會親自參與員工面試，不輕易下放招聘權**，而且很關注應徵者有沒有「阿里的味道」，並設置「阿里巴巴聞味官」。這也算是英雄所見略同吧。

實際上，企業老闆雖然不可能參與每一場面試，**但還是可依「八○／二○法則」處理，親自面試兩成重要核心主管**，其他八成則不一定。同理，忙碌的高階主管也是如此，可以參與面試並決定兩成重要的中階主管職缺，依此往下類推。

就我個人經驗心得，由高階主管親自面試，取代由下往上層層面試，有不少優點。

1. 提高時間效率

如果我覺得應徵者不符合需求，談個幾分鐘就可以喊停，不用多花時間按表操課般談下去，**也不必再動用公司其他人力與時間成本**。

2. 人才的心情感受

　　由高階主管親自面試，**可以讓應徵者備感尊重**，顯示公司是注重人才的企業。

3. 避免利害比較

　　如果應徵者要求的薪資待遇或前一份工作薪水，高過面試官，面試官難免在心裡產生不快，想把應徵者刷下來，或產生其他負面念頭，但未細想自己另有更多福利，而且對方薪資數字也未經證實。再者，碰到能力比自己好的應徵者，可能也擔心將來搶了自己鋒頭，反而不敢答應錄用。

　　由公司高層親自面試，**與應徵者較沒有這樣的比較心理或利害關係，才能做出較佳的判斷。**

4. 即時正確回應

　　針對應徵者提出的收入期待或特別約定，若與公司現行規定有落差，以公司老闆的高度，握有較大的權限，可以當面回應面試者，在不影響公司的薪資結構下，可以彈性以離職金、特別獎金、分配股票或盈餘分紅等作為補償。

　　如果我認為應徵者是公司未來需要的人才，或許現在不

缺，但未來半年內將釋出職缺，**而我擁有裁量權，也可以先讓他進公司作為儲備人才。**

總而言之，我對公司的薪資結構、人事制度、決策方式、發展藍圖，都較有深入的了解，**可以現場對求職者做出正確、即時的回應。**

5. 確認用人合宜

我花了很多時間高度參與面試，對於應徵進來的人就有一定程度的了解，如果對方表現不如預期，或考核成績不佳，跟我的想像有落差，**則可以進一步檢視公司是否真正善用應徵進來的人才。**

人員表現不佳也可能來自主管不懂用人，沒有分配適合的工作給他，或與主管調性不合，**可以轉調其他部門再試試，甚至換掉原來的主管。**

6. 調度職務方便

一般新進員工都會對面試官抱持感恩之心，更願意效力、服從面試官。由於高階主管高度參與面試過程，**了解新進員工的特質與能力，將來遇組織人力缺口時，可以方便調兵遣將、靈活用人。**

換成基層主管，平日都專注自己的單位與任務，不了解其他部門的職缺，通常也不會那麼熱心推薦給其他部門。高階主管不但了解各部門狀況，而且也比較有能力說服求職者改變原來的預設立場，接受新的職務。

7. 優先了解本質

了解應徵者的本質與特性，是我面試最重視的一點。我找高階主管時，出題的方向絕對著重在對方的溝通能力、整合能力、價值觀、責任感，互動過程中也會觀察對方的氣質、談吐、應對能力、情商（EQ）等等。**一旦遇到本質不錯的求職者，即使對方不具備工作直接經驗或相關技術，我也會考慮用人，不會錯失人才。**

這是因為，一個人的情緒管理能力、抗壓性、責任感、敬業精神以及價值觀這些特質無法短期改變，然而工作知識與技能可以透過公司培訓或輔導學習得到，所需時間也不會很長。

反觀一般基層主管，也許只注意應徵者的即戰力，甚至期待應徵者把前公司的客戶名單、產品線帶過來運用。若對方沒有直接經驗，不符合「當下」的徵才需求，就算素質不錯也大都放棄，十分可惜。

小結：徵才考量契合度

一般來說，求職者的硬實力（做事的能力）是基本條件，軟實力（適應環境、做人的能力）才是必要條件，因為一般所謂「選錯人」的主要癥結常出現在適應環境的能耐，這部分如果沒有到位，日後幾乎不太可能靠培訓做太大改變，所以我們要特別選出兩者兼具、軟硬通吃的應徵者。

此外，我們應該選「適合的人」，而不是選「最優秀的人」。

面試官必須認清，整個選才過程是一個比對作業，具有相對客觀的標準來進行比對應試者與企業職缺的契合度，契合度高的人，才是公司最需要的人才，不能單憑面試官個人的經驗、喜好、感覺等主觀想法來選才。

如果選才不考量與企業文化的契合度，從許多過去案例來看，要期待不那麼契合的人進公司來刺激組織的創造力，其實有點不切實際，因為企業環境文化的塑造，大都還是由上而下，風行而草偃。

在選才這個議題上，我強烈建議由高階主管出馬，過程中特別檢視「軟實力」與「契合度」兩個指標，可以找到最實在、最合拍的好人才。

2 用才（一）：
創造平台，適才適所

適才適所，提升組織效能

　　創業中除了資金、人才、產品、客戶、管理等問題外，**另一個重大的課題是「用才」及「組織」**，尤其是當公司發展到一定規模後，員工人數增多，形成多部門、多區域、多層次的組織架構，愈來愈複雜，管理上相當費功夫，特別需要一些管理知識。

　　尤其在組織運作及效能提升上更需要一些正確觀念，我一路從小公司的規模，一直發展到超過千人以上的中型跨區域組織，跌跌撞撞，不斷地修正，得到一些經驗，歸納出一

些關鍵要點。

我先從一些狀況談起，接著分成四個構面來分享經驗，希望對大家有幫助。這四個構面是：

1. 創造平台，適才適所；
2. 跳出框框，善用組織人力；
3. 大膽啟用，捨得淘汰；
4. 效能提升，活絡組織。

狀況及解析

高階主管的重要職責之一，是創造或延伸平台讓員工可以充分發揮，有時候多了解一下員工特質，不要侷限於現有組織框架，再多想一下，就可以幫員工找到更佳平台，讓員工充份發揮其才能，工作有成就感，公司效能也跟著提升了。以下是三個案例。

案例 1：從心情低落到積極主動

最近，公司將某兩個部門的業務單位整併合一。A 君的工作

擔子頓時卸下一半，時間較為寬裕，但是心情很低落，來找我聊。在對談中，觸發了我新的想法：何妨讓 A 君在部門中肩負策略行銷的統籌工作，讓北京、蘇州、廈門、香港等地負責新市場開發（Business Development, BD）的業務都由他負責。

A 君在友尚十餘年來，不僅勤跑客戶，了解產業發展、產品知識，業界人脈也很豐富，簡報又做得嚇嚇叫，甚至對公司理念的忠誠與認同度也很高。

被賦予新職責的 A 君變得非常積極，也利用騰空出來的時間，主動開始從許多廠商名錄和網路上去搜尋北京、蘇州等地工業區中可能的潛在客戶與市場商機。

案例 2：從同仁特性的極大值思考起

J 君是企業購併因素納入友尚體系，她曾經擔任過某公司香港區總經理，進入友尚後，也曾擔負過策略行銷支援的工作，之後則在友尚中國區工作。前一陣子，她懷孕回台灣待產，產後因為小孩的關係，希望能先留在台灣工作幾個月。我問總經理：「你準備怎麼安排 J 君？」總經理說他還未深入思考這個問題。

　　仔細評估J君的特性，她曾擔任過總經理，兼具業務和行銷的經驗，也具有策劃管理能力，對公司的流程、備貨（Backlog）和電腦系統都非常熟悉，PowerPoint 簡報製作、資料分析與追蹤也做得很好，熱心耐性，所有事情一定要處理好才回家，深具責任感。也因此，有許多部門都可以考量安排，像是：

1. 到甲部門，負責備貨工作；
2. 到乙部門，負責電腦程式推廣或程式開發前的使用者（User）訪談，進而提供整合分析；
3. 到丙部門，負責營運管理資料的整合分析，輔助主管迅速做出正確決策和判斷；
4. 或者，再回到她熟悉的策略行銷部門擔負支援的工作。

　　不過，我認為，**以上四種安排雖然都可以運用到她的特長，但都屬於支援性質，不僅無法讓她一展所長，對公司人力資源運用也是一種浪費，都不是最佳安排。**那麼，對 J 君而言，最佳的位置是什麼？我認為應該是管理者（Leader），而非助理。

　　所以，我建議讓 J 君再回到策略行銷部門，只是工作上有所調整：讓 J 君負責分析各地或華南區新市場開發業務們的日報

表，並協助解決他們所碰到的問題，成為一位負責未開發或開發中客戶的業務主管（Sales Leader），以充分發揮J君領導管理特長。同時利用她在台灣短暫停留的幾個月裡，協助訓練業務助理製作 PowerPoint 的技巧。先前她在年度業務報告中，為總經理製作的 PowerPoint 非常出色。

案例 3：掌握特性，小兵也能大有所為

幾年前，公司重新思索組織調整的過程，由於 K 君已經在公司待了二十年以上，必須重新檢視他的職務發展。

評估 K 君的特性，因為長期負責進出口工作，熟悉公司流程與電腦系統，對公司具有高度的忠誠與認同，很顧家，很雞婆（熱心），但同時也深具耐心和細心，碰到問題敢和業務員及主管反應，不會懼怕退縮。缺點是，他可能不太願意帶兵。這樣的人該安置在哪裡才能充分發揮他的特性？

放在會計部門，可能不太適合；放在營管部，也似乎不好；放在倉管也不妥，因為例行工作不需要這麼資深的人，太大才小用。每個部門好像都不是很適合安置他。

最後我想到一個兩全其美的職務：讓 K 君負責公司應收帳款

的催收工作，他一定可以適才適所，做得很好。

　　果不其然，他充分發揮所長，現在，不只有台灣地區，全公司跨區的異常應收帳款都交由他處理，K君總是會標示出很多問題重點，並在事前就將問題解決掉，之後再交給主管做進一步處理。也由於他出色的表現，會議上舉凡與應收帳款相關的問題都由K君負責提出、報告，成了總經理的好幫手，對公司整體營運也產生很大的助益。

　　這些都是延伸出來的概念，希望在每位同仁進來之時，主管就能針對其特性與組織功能予以連結，提供他可以伸展的平台，**因為這平台將會決定他進入公司之後的工作範圍（Scope）以及發展空間，也是提升組織效能的重要工作之一。**

創造平台，適才適所

　　我們常說：「適才適所」才能人盡其才，但是，怎麼樣落實適才適所的管理思維，創造適當平台讓員工發揮效能，卻是很多主管不容易掌握的課題。所以藉上述四個例子來和

各位主管分享一些組織管理上的觀點，尤其是面對現階段全球環境嚴峻，景氣不好，似乎一時半刻都無法有振奮人心的市場光景時，如何建立審慎檢視組織調整時的決策與正確思維，愈顯重要。

1. 了解特性、適才適所、創造足夠發揮的新平台

　　以上案例中指派給同仁的工作，都是在公司原本組織中所沒有的，是我根據每個人特性創出來的新平台，因為「創造新平台」是我們身為主管在面對人員發展時不可或缺的創意能力。

　　我在思考人員安排時，基本原則就是：留心檢視、找出組織中每位成員的特性，再根據成員特性，創造足夠的新平台，賦予其可展現與發揮的責任範圍。

　　當然，以上幾位同仁因為我都認識，平日就對他們的特性有所了解和掌握，知道怎麼幫他們在組織中找出過去所沒有的新平台，讓 A 君、J 君和 K 君可以因為組織調整後所賦予的新責任範圍，展現、發揮更大的能量，公司也因而得到更大的正面收益。

　　但是，並不應該是只有我才具有這樣的能力和創意，事

實上，每個部門多少都有類似的問題需要調整，至於其他我不認識的同仁，應該是每位主管需要負責的部分，換言之，每位部門主管都應該要知道轄下成員的特性。

比如說：某人很勤勞、某人企畫案寫得很好、某人英文不錯……每個人都一定會有他的特長。身為主管，不但要了解成員特性，知道怎麼用他，讓他的發展平台可以延伸，甚至要發揮「連連看」的創造力，幫他規劃出新的平台，像是原本只負責台灣區事務者，不妨讓他也負責一下華南區或其他地區相關的台灣客戶事務，讓人才如魚得水，也能讓組織成為人盡其才的最佳舞台。

2. 結合新人專長，創造新平台，讓組織功能極大化

其實，每當主管聘僱一位同仁，特別是幹部級以上的新同仁時，身為主管者都應該在一開始就想得深遠一點，重新評估、定位他的職責範圍和未來發展，從其背景延伸連結到組織調整，讓他可以有更多運用所長的空間，也同步讓組織賦予更多積極、主動的功能。

反之，如果主管忽略了這一點，新同仁（特別原本就是資深人員或主管的人）一進來時，並未予以妥善規劃，他可能只會在原有設定的類別或環節中作業，或許覺得沒什麼

成就感，不久就萌生去意，反而喪失原先花這麼多時間面試他、欣賞他、任用他的本意，對組織而言也是無形的損失。

3. 擴大同仁的挑戰平台，是主管的日常課題

多數主管在面對組織調整時，才會認真思考人員的定位與調整，事實上，這是不正確的。身為主管應該隨時隨地都要思考：

● 我把他放對位置了嗎？這時候可以再加大或改變他的平台嗎？

● 我是否賦予他適當的責任範圍？

就算他原來負責的工作依然表現良好，但是身為主管者都應該隨時、主動地從組織發展和個人成長上來思考，經過一段時間磨練後，是不是還應該讓他繼續留在原來的位置上？還是應該有所調整，讓他去挑戰一個新的位置，協助他升級（Upgrade），而將原有位置安排其他的人接手，以維持團隊整體的活力和成長力？

4. 製造機會、賦予任務，初期幫忙站台

當你拔擢部屬去挑戰一個新的位置，協助他升級時，或

是特別調動他接受某個任務編組時，因為職稱變動、職位異動，都會讓他不易在一開始就融入其中，這時身為高階主管的你，應該設法在整個團隊中製造一個任務，委由這位你所拔擢的部屬負責，藉機讓他自然地和新團隊所有成員互動，增進彼此認識並加深認同感和默契。

比如說，B 君是因為購併關係進入友尚，他的管理經驗、專業素養及領導統御各方面都很不錯，我希望能藉助他的長才對組織做出更大貢獻，於是在賦予其更大權責之際，也同時請他負責統籌友尚三十週年慶的重大活動，透過事情的互動讓他和友尚人員連結在一起，製造更多機會讓大家能進一步認識他、肯定他。

初期還必須適時在旁邊幫他站台，協助他順利銜接你所賦予他的任務，如此才能在最短時間內，讓你的組織布局發揮效益，產生正向功能。

5. 明確賦予責任範圍及延展平台

友尚高階主管雖然都鼓勵同仁在工作上能夠發揮「雞婆」特性，站在公司和客戶需求的立場能多處理（Cover）一些可能原本不屬於他的工作範圍。但事實上，這風氣確實推行不易，因為多數人為了避免工作場合的氣氛不好，大都

小心翼翼，怕侵犯他人，也因此很容易讓某些工作上的灰色地帶產生漏接現象，有時便無法全面滿足客戶的需求。

為此，最好的方法就是擴大並明確賦予其責任範圍，讓同仁的熱心可以在本分範疇中得以伸展。同時，身為主管的你也必須確實讓每位同仁清楚他的責任範疇與可以延展的方向，你可以：

1. 透過組織調整處理，明確其職務範圍；

2. 在部門會議中正式對所有團隊成員宣布其執掌，讓他便於發揮和執行。

無論你採行哪種方式，都必須注意：賦予的平台最好要夠大，避免只用太過狹隘的範圍作為工作權責的劃分。

比如說，清楚告知某個區域由他負責維護發展，或者某區裡的某個部門，讓他整個負責統籌。或直接賦予他某個產品線、某個領域或某個品項，給他比較大的空間，讓他能發揮所長，並在賦予的同時，協助他明確定出工作擴展的優先順序，這樣同仁才有展翅的空間和方向，也才會有責任想去挖掘其他東西，而不是守在現有資源裡。

在北京，我就看到某位原來擔任應用工程師（FAE）的同仁，當他的職務被調整為新市場開發的業務時，他開始提

出許多創新做法，不僅挖掘出許多新客戶，也整理了很多技術與市場相關的東西去教導其他業務同仁，協助他們找出客戶的新需求，所展現出來的工作成效與過去截然不同。

所以說，明確賦予其責任範圍，讓同仁的熱心可以在本分範疇中得以伸展是非常重要的。

6. 重新縮小同仁工作範圍，讓其適才適所

雖然我們都希望能階段性地賦予每位同仁較大的成長空間，讓他可以發揮所長，但是這樣的挑戰或壓力並非適用在每一位同仁身上。所以，身為主管者，在賦予同仁更大、更多元發展方向的同時，也需要持續觀察、思考每位同仁的適應情況，是否有哪些同仁當初被賦予的領域太廣，反而讓其無所適從，不知如何著手？

如果有的話，應該與該同仁再好好談談，除了再次明確告知他被賦予的責任範圍外，還應該明確告知他工作的優先順序，協助他盡快在新工作平台上找到發展的著力點。

經過一段時間後，萬一他還是無法負擔太廣泛的工作，這時主管就應該縮小其工作範疇和內容，以求適才適所。

7. 明確賦予責任範圍，應該從「組織命名」開始

　　明確賦予新的責任範圍與延展平台，最好是從「名」的定義上就能夠有所區隔，因為「組織命名」給人的認知大不同，進而還會影響到團隊的貢獻方向和工作成效，所以賦予新責任範圍時，務必要從「命名」開始思考，不僅要注意名的定義，更應該盡可能在名稱中能賦予願景（Vision），包含其工作重點，並顯示其涵義。

　　比如說，有次我們將營運管理中心（Operation Management Center, OMC）改名為營運服務中心（Operation Service Center, OSC），從組織名稱上很明顯可以感受出兩者的不同，後者強調服務（Service），要求成員以服務的角色出發，從內心開始轉為服務的態度，就是希望避免原本「營運管理中心」讓人流於管理、督導的角色。

　　又比如說，最近資訊管理部門（MIS）中新設一個小組，希望協助推動、教導大家學會應用資訊管理部門開發出來的許多產品。最初曾想將名稱訂為「系統應用小組」（System Application Team, SAT），但總覺得這樣的職務範疇過窄，似乎工作範圍只要教大家會用資訊管理部門開發出來的應用程式即可。斟酌很久後決定叫做「使用者服務小

組」（User Service Team, UST），如此一來，只要使用者在軟體應用上有任何疑難雜症，包括已開發或是未開發的，都涵蓋在責任範疇中，不僅更符合公司現況需求，無形中也為新職務提供了發展的願景，讓同仁一展身手。

「基礎設施創意小組」（Infrastructure Creative Team, ICT）也是一樣，原來曾考慮過「智能商務小組」（Business Intelligence Team, BIT）等好幾個名稱建議，但總覺得所賦予的工作範圍較狹窄，幾經思考後，終於定名「基礎設施創意小組」，其所賦予的工作範疇不再侷限於資訊管理，甚至還可以包含物流作業中的倉管配置、庫房管理等，不僅明確定義出責任範圍，也讓新平台的延展更具挑戰。

切記：最後還必須正式宣告，告訴團隊成員及其他人這個新職掌的重點在哪裡，清楚描述職務功能及其延展的願景可以負責到哪裡。

③ 用才（二）：跳出框框，善用組織人力

景氣常常起伏不定，公司業務也不一定永遠都在成長，公司的組織人力也要跟著調整，有時急著擴編，有時又需縮編，實在很煩人，尤其是目標大幅擴充時，若侷限於現有框架，一定無法找到適當人才去達成目標。

人力的運用成為很重要的課題，需要有正確的思維，才不會因小失大，無所適從，我提供一些個人經驗給大家參考。

一、景氣不好，組織人力以縮減為上策？

景氣不好，面對組織調整，應該「減人」還是「加人」，才能讓部門績效真正止跌看漲？切記：「減人」未必是唯一

選項，你必須仔細評估整個部門短期、中期的影響，比如說，會不會因為人力減少，造成其他新的問題？例如：無法持續開發新客戶；必須放棄某些區域市場的開拓；會讓某些產品必須擱置，無法推廣；少了一個人的薪水，省下眼前的三、五萬，卻讓開創未來的成長動能不見了，讓未來可能面臨更大的損失；將來重新聘僱或訓練人員時，可能會付出更多成本代價。這樣只是守成、精兵策略，還缺乏配套做法。

假設上述這些問題都不會產生，當然可以考慮減人。但如果有疑慮，或許該維持現有編制。萬一本身編制已過於精簡，或握有逆勢上揚的利基優勢，逢低加人或許才是更佳做法。也因此，**必須透過詳細的檢討，整體加減乘除評估後，再來決定何者才是對公司現階段與未來的最佳方案。**

更好的做法應該是，**設法積極思考，是否還有其他的空間可以開發？**如果能夠找到新的空間，根本就不會有閒置的人力，也不需要去考慮人力縮減的問題。

比如說，2008 年爆發全球金融危機，我們並未將業務人員裁掉，而是將部分人力轉成新市場開發，經過兩年努力，成為友尚具有動力的另一股組織。另一個創新的模式，則是業界都沒做過的事情：2009 年新市場開發（BD）系統的推動開始加入印度、蘇州、北京、廣州等地後，讓這些在過去

一直未有亮眼成長的地區，在 2010 年都有相當的成長，整體帶給我們約 3 億美元的成長，成就三十年來最美好的時光之一。

二、你的思維是「縮編」
　　還是「擴編」？

甲公司併入友尚集團之後，許多組織都面臨重新定位、調整的安排。其中有個位居大陸的團隊，幾次簡報下來，我覺得這個團隊的成員在經歷、態度、簡報技巧等各方面的專業素養都很不錯，只是受限於他們負責的產品較沒變化，很難透過友尚原有的業務系統（Sales Channel）去廣泛推動，協助他們擴大產品銷售績效。

導致一年下來，每次聽他們簡報都覺得很不錯，但在檢視業績時，他們的努力卻沒能轉化成具體數字，負責的產品似乎也潛力不大。某次開會時我拋出這個議題，請總經理及高階主管們一起想想看，有什麼樣的方式可以讓這個團隊中的成員一展所長？當時得出下列兩個方案。

方案一：將該團隊第二層的人拔擢到第一層，將原第一層的人轉調到更具挑戰和發展潛力的「策略管理中心」

（SMC）。我覺得這方案是「縮編」思維，這種做法對他們業績的幫助並不大，只是藉助其現有人員的長才運用到其他地方。

方案二：從產品著手，積極找找看是否有其他產品線讓他們負責。我確實是希望能從「擴編」的角度進行，因為該團隊人員素質不錯、動力夠強，也很努力，只是缺乏更多產品一展所長，如果我們可以找到一塊產品呢？苦思數日，我終於想到：結合原有的獨立設計公司（Independent Design House, IDH）業務，擴展新的領域客戶群。

這就是我所要強調的觀念：**當面對組織調整或重新定位之際，你第一個跳出的思維是「縮編」或是「擴編」**，對後續組織的布局和發展影響很大，將會是兩條截然不同的路。所以，我希望大家都能先從「擴編」著手，尤其是面對不錯的團隊組合時，萬不得已再思考「縮編」方案。

三、善用組織中的人力槓桿

事實上，「跳脫減人思維」還有一個最聰明的做法：加一個人以連結很多散處各地的人力，便可藉此推動很多事務，發揮相乘效益，將槓桿原理運用在組織人力中，形成

人力槓桿。

比如說，友尚曾經在某些地區的組織，加設了一個具有槓桿作用的「新市場開發」（BD）職務，一方面負責開發新客戶，另一方面也協助該區業務在現有客戶中挖掘新商機、協助原有業務同仁推廣其他產品，成形後再讓業務同仁繼續維護。透過兩種開展新業務的角度，讓多位業務同仁的業務拓展速度，均可藉由一位新市場開發的推動、協助，甚至還可透過橫向交流的方式，將有價值的經驗、做法推廣至其他部門，進而形成更快速分工的業務服務網絡，創造出更多新的商機。

透過一個人的力量去推動許多位業務的這些人力槓桿， 不僅突破了業務開發上的限制，**也順利解決了組織運作上許多橫向連結的灰色地帶，** 發揮臨門一腳的關鍵力量。

四、目標遽增時，
　　思維必須跳出現有的組織框架

當公司賦予你一個新的任務與使命時，你會從現有的組織架構與人力配置去思考，還是跳出現有框架，重新檢視？比如說，A 部門去年業績為 6000 萬美元，今年公司希望它能

達到 1 億美元，身為 A 部門主管的你會怎麼做？

多數主管可能會根據目前達到 6000 萬的現有組織架構，進行人員的調動與目標要求，而不會從組織架構上先著手思考：要達到 1 億的目標，需要幾位產品經理（PM）？大陸、台灣兩地人員應該如何配置才是最佳化？是否還需要一位總部產品經理（Central PM）的編制，才能更順暢地讓戰鬥力在短期內成長 1.6 倍以上，做到 1 億的目標。

然而目標 6000 萬與目標 1 億的要求本來就應該要有所不同，若無法從根本架構問題進行思考、規劃和配置，後續又怎能打有把握的仗？又如何精準落實執行力？所以在這個階段千萬不要急，**先確認組織裡是否有對等的人力，應先把完整的組織架構想清楚，再來思考第二層次「人力配置規劃」的問題。**

五、跳出現有框框，尋覓合適的人才

當組織架構規劃完成後，第二個該思考的問題是人力配置。如何將需要的適合人力補到位，以發揮戰力？**最重要的原則就是：千萬不要在原有範圍裡打轉，為了尋找合適人才必須跳出框框思考。**

若是在現有組織中找不出適合的人，不妨從其他部門或關係企業中尋求，若有適當人選，可以和高階主管協調是否能調派，或是從外面訪才，透過同業人脈、公司人資、以前認識的朋友……**也不一定非要是公司現有同仁不可，最重要的是，盡可能完成需要的人力配置，發揮出應有戰力，才能**達成目標。所以唯有積極去想、去找，才能如願，千萬不可以放著不處理，只是等待，**因為尋訪人才不但是主管責無旁貸的事，也是最重要的事。**

六、勇於晉升功力已達七成的同仁

建議各位主管，**凡觀察到同仁的功力已達七成，就應該勇於拔擢他們**，讓他們有新的發揮！千萬不要等到認為同仁具有百分之百的能力時才肯放手，以免造成遺珠之憾，讓他成了別人家的寶。

人的潛力有時是必須被激發才能顯現，一旦你賦予他責任的時候，往往另外三成未被看到的能力會因為身歷其境，而能快速吸收學習、成長，硬是有辦法克服困境，在新範疇中做得非常好。過去我公司就有些部門大膽啟用新人，成效都很不錯，甚至為部門帶來新的激盪火花。

4 用才（三）：
大膽啟用，捨得淘汰

　　企業在運轉過程中，一定會有人員異動，出現空缺的職位，主管到底要不要跳下去兼職？是要內升或空降好？適逢新領域的拓展機會，到底要用一軍或二軍呢？新進人員快到試用期滿，雖然覺得不理想，卻仍猶豫不決，未採取斷然的處置，擔誤了時機，又影響了士氣……這些問題都值得探討。

人才運用的錯誤觀念

1. 職務缺口，主管跳下去補位？
　 還是給下屬機會磨練？

　　某次在考慮人事晉升與調整時，B 主管的資歷、經驗、統御領導等各方面能力雖足以擔當跨部門的管理職務，但 B

主管卻因為他轄下的次級主管剛離職，擔心分身乏術，無法兼顧，對新職務的調整猶豫不決。他說：「董事長，我想應該先以內部問題為主，所以必須先暫兼該處級主管的缺。」

聽到這想法，我直接告訴他這觀念是錯的！一旦他跳下去，豈不形成「主管做屬下的工作」？身為主管，能有「隨時跳下去」的準備，展現責任感，確實會讓團隊成員和公司覺得很放心，但**相對地，身為主管，不能先假設底下不行、沒有能人，不給底下機會。有時部屬未能發揮潛力，其實是主管沒給他們機會展現。**

我們常常可以看到某些主管事後慨歎：某君在部門中表現平平，怎麼離開後竟然在其他公司擔任副總經理，還幹得有聲有色？過去怎麼沒能看出他的潛力，賦予重責？

這就是部門沒建立授權的觀念。或許底下的能力還未完全到位，但是如果身為主管的你，無法容許可能的學習曲線，拉他一把，不僅顯示你較缺乏授權管理，也常因此無法有效帶領團隊成長。

2. 主管出缺，空降好？還是內升佳？

某部門單位主管出缺，單位中另三名成員目前經驗能力仍過於資淺，無法獨挑大梁，但單位主管的缺就一直懸在那

兒。有次在會議中，我就問這部門主管為何還不補人？得到的回答是：「我希望等下面的人長大，所以我想把這單位主管的缺保留給下面的人，等他一、兩年後成長至可擔當時，就可以升任該單位主管職。」

這思維乍聽之下好像很有道理，其實是錯的。**首先，這樣會阻礙同仁成長：缺乏有經驗的主管指導，不但讓同仁成長、學習減緩**，做事比較不容易有效率與成就感，還可能耽誤原本可以掌握的商機。其次，**只要部門保持競爭力，舞台就會一直延展**，有能力的同仁升遷就不會受阻。正常情況是，當該單位同仁成長到足以往上被拔擢時，那麼，現在外聘的單位主管也應該向上挑戰更大的舞台，根本不用擔心到時沒有空缺可以拔擢有能力的同仁。

3. 業務初創區主管，
　 用一軍？還是用二軍？

東莞準備新設一個辦事處，甲主管建議有業務經驗的乙君前往。乙君過去表現並不好，最近才稍有起色，甲主管認為東莞在草創初期，業務不會太多，不妨先讓乙君到那裡擔任主管歷練，等市場有需要時再派主軍，才不會浪費現有戰力。

　　這個建議其實隱含著迷思：這麼做到底是「激勵」還是「肯定」？過去表現不太好的同仁最近稍有起色，主管就認為他大有進步，直接想讓他負責分公司經理（Branch Manager）的任務，究竟是激勵他還是真正肯定他的能力？

　　甲主管只看到現在，未考慮未來可能的變化。東莞初期確實業績量還小，派二軍去負責綽綽有餘，假設東莞未來的爆發力也不大，或許二軍就游刃有餘。萬一，東莞是一塊很重要並深具開發潛力的區域的話，而乙君的能力又沒有進步得那麼快時，我們是否會因而錯失搶占市場的最佳時機？

　　不可心想「反正剛開始，二軍先試試看，不行的話，在其上再加派一位主管即可。」殊不知許多人的感受問題，並不像組織圖上的位置那麼容易移動，應該多想深一點，避免因此產生無謂的心結，影響到未來團隊的氛圍和戰力。

正確的思維和布局

1. 依市場狀況決定人選

　　甲主管應該事先完整評估東莞區未來可能的發展概況，再依此決定適合的人選。

2. 暫代更要講究組織權責關係，
   避免誤解或過度期待

假設要派二軍前往，位置也要放對，不能一開始就放在組織表第一層的主帥位置上，應該用「兼任」方式處理，讓他的位置很清楚落在組織表第二層或第三層，以暫代分公司經理的方式發布組織人力安排，避免讓他有過度期待或迷思，反而影響未來。

3. 給人才發揮的平台，
   不是讓人才將就組織需求

除非你對他的能力已經非常有把握，也很肯定，當然又另當別論。即使如此也應該更進一步思考，這地方是最適合他發展的平台嗎？還有更好的安排嗎？可以賦予更多任務嗎？身為主管總要多些思考，不能因為事情就讓人才將就，或是因為權宜之計而忽略了對人才用心的本質。

4. 捨得淘汰，但手法需細膩

身為主管必須賞罰分明，才能激勵人心，讓好手勇於任事，因此，**對於不適用的同仁也必須要捨得淘汰。重要的是，淘汰的時候手法一定要很細膩。**

首先，提醒的過程很重要，當你發現同仁不對時，應該提醒他，讓他有改進的時間和空間，除非一而再、再而三，實在無法調整時，就必須捨得淘汰。其次，**決定後必須親自和當事人懇談**，將情況說明清楚，以取得對方的理解和體諒。多數時候，這反而是對雙方都有利的建議，也可讓對方早日找到適合的環境發展。此外，可能的話，甚至也可以幫他介紹適合的工作，或者盡可能從他的角度思考，提供協助。

最差的方式是直接丟給人資，請人資將之辭退，讓當事人在接到人資通知時，還錯愕地不知哪裡做錯。這樣粗率的管理作風，未來也將會成為自己帶領員工與發展道路上的絆腳石。

5. 一試再試，不會增加效率，只會傷感情

另外一種主管不捨淘汰的情況是：試用期一延再延。事實上，這種做法不僅是錯誤的，還因此暴露出自己管理上的弱點，應該盡速調整，**因為試用期延得愈長，割捨不下的感情也愈重**。

為何會一延再延？仔細想想，不外乎兩種情況：一、**面試時並未用心、深入**，否則應該對這位新人已經有所掌握；

二、試用期三個月裡，**根本沒有跟他交流過**，既未請他來簡報，也從未關心過他的工作狀況，更遑論和他深談，才會對他不了解，需要再延長。

當下屬主管提出將新人試用期再延三個月時，你怎會答應呢？這反映出你平常也沒有注意到新人，所以當屬下提出不合理的方案時，你才會不置可否。

基本上，一位真正用心的主管，大概一、**兩個月就足以看出新人潛力**、各方面的基本條件夠不夠好。如果不好，應該果斷地告知下屬主管：「算了，我看這個人開會的時候或寫報告根本不行，不用再往後試了。」因為愈延到後面，就愈不好意思「趕人」了。

6. 賦予不同職掌時，兼任方式馬虎不得

當你想指派某位同仁身兼二職，賦予其不同執掌時，應該慎重考慮，不能馬虎，**因為主、客認定的不同，其所側重的工作重心與成效也將大為不同。**

比如說，當你任命某位同仁為「應用工程師兼新市場開發」或「新市場開發兼應用工程師」時，所產生的效益將迥然不同。因為在多數同仁的認知裡，若是新市場開發兼應

用工程師，他很清楚應該以新市場開發為主，應用工程師為輔。若反過來，是應用工程師兼新市場開發，他就只會在有空時才去做新市場開發的工作，心態上也相對被動。

凡此種種，被賦予新任務者隨正職和兼職認定上的不同，工作重心會有所不同，認知的工作範圍也會產生很大的差異。所以，做這決定時必須慎重考量目的，以及正職和兼職哪個比較重要。基本上，應該是以格局大的職務為主。

但是，也要將對方的資質及能力列入考慮，如果真的不適合，硬派給他一個更寬廣的平台，他反而容易失焦，掌握不到方向，甚至變成當事人工作沒做好的藉口。不僅無法讓他發揮所長，也會窒礙到組織整體發展。這時反而應該將該員放在小格局中，適才適所。

5 用才（四）：
提升效能，活絡組織

身為主管或團隊領導人，**最重要的任務就是「提升組織效能」**，但這絕非一年一次或兩次在考核時才審視或評估的議題，必須隨時隨地從部門或團隊成員的日常工作、執行力與整體營運績效所呈現的成果來觀察，思考是否「還有更好的做法可以提升組織效能」。

唯有心心念念、隨時隨地將這議題當作主要的職責和挑戰，才能發揮聯想力和創造力，讓部門隨時維持在最有效益的運作模式上。我有一些方法供參考。

一、鯰魚理論：活絡組織動能

我們常說，要常常保持開放的心，才能接受許多新事物、新觀點的刺激，透過這些刺激與比較、思考，也才能

更進一步轉換成創新的動能。譬如說，友尚原有的甲骨文（Oracle）系統，大家在應用上都覺得還算滿意，但後來因為企業購併的關係，赫然發覺還有更好的作業流程，可以加快出貨速度，就開始檢討與調整。

同樣地，組織也是如此，**若能適度引進外來高手或空降部隊，改變公司固有的思維和作業習慣**，在見賢思齊的影響下，往往能夠帶動良性競爭的環境，讓企業持續保持活力，充滿生機，這就是組織管理學上最常引用的挪威漁民「引進強者以激發團隊活力」的「鯰魚理論」。

二、精耕策略：
切割愈細，目標愈容易達成

許多時候，當我們檢討整體數時，大家比較沒感覺，一旦深入落到各部門數時，就很容易引起大家的注意。比如說，管理部報告整個運費共多少錢時，大家可能不以為意，但是換個方式報告 K 部門多少、A 部門多少……時，各部門主管的頭就會抬起來了。

同樣概念運用到業績目標上也有異曲同工的效果，比如說，A 區業績今年有 5000 萬，明年的目標是要成長 30%，一下子要多做 1500 萬這麼大的數字，一般都覺得壓力很大，

心理上就先抗拒，覺得「幾乎不可能做到」。反過來，如果將 A 區切割成五十個小區，以每個小區 100 萬為基礎設定明年目標，同樣要求成長 30% 的話，你會發現每個人都會很樂意接受，因為只要再多跑幾家客戶就能做到 30 萬，感覺不太有壓力。

其實，這兩個的終極目標都是一樣的，只是表達的方式不同就顯現出截然不同的效果，在心理上產生一種對數字的迷思和錯覺。因此，當你在做組織規劃和重新定位調整時，**不妨也盡可能將區域或產品切分得愈細愈好，在精耕策略之下，同仁因為目標範圍明確，更能專注在被賦予的領域中搜尋，將任務執行地更深入。**若是範圍太大，很多時候反而讓人無所適從，不知從何著手，於是就東做西做，粗耕概念下反而不容易有具體成效。

以我公司的深圳分公司為例，過去每年業績約 1 億多，大家都覺得市場有限，經過重新切割，劃分為九個區域之後，從中找出多達八十個以上的工業區，讓許多高階主管嚇了一跳，原來過去還是有許多忽略掉的地方。業務開發如此，管理層在訂定 KPI 的角度也是如此，**只要切割得更細，讓每個人都分攤一點點，對大家來說反而不會是負擔，甚至成果效益還會大於原先設定的預算或目標。**

三、保持彈性：永遠預留 20% 戰鬥力

組織調整時，即使是在人事暫時凍結的情況下，都必須要考慮到組織戰鬥力的問題，以保留開發新市場的彈性。不能只有守成，因為「守成」和「經營新市場或產品的開拓」同等重要，不可偏廢。

身為主管必須切記：**無論怎麼困難都要設法將 10% 或 20% 的人力擠出來開創未來，專注新市場開發。**讓 80% 的人力承接現有業務，維繫現有客戶，20% 的人開發新的領域。除了人力之外，各單位所負責的產品、產品線，甚至客戶等也應該要有同樣的觀念，**隨時保持 10% 到 20% 具爆發潛力的培養型資源在手上，才能持續成長不墜。**

四、組織急先鋒必須具有市場殺傷力

延伸上個論題，要從現有組織中勉強調整出 20% 新業務開發人力時，該怎麼挑選或思考？

很多主管會習慣將原有客戶轉給較有經驗的同仁負責，因為怕現有客戶抱怨或流失訂單，而將新人、能力較弱或比較不具市場戰鬥力的同仁，指派去負責新客戶的開發，因為

這本來就有較高的不確定性，所以不妨丟給他們去磨練。事實上，這樣的思維是錯的，所獲得的成效也會最差。

從複雜度和困難度來看，開發新業務所涵蓋的範圍既不確定又相對廣泛，不但必須對公司相關資源非常熟悉，也要反應靈敏、深具創意，才有可能過關斬將、有所突破。

但是相對地，現有客戶因為已具有完成交易的經驗模式，所以在互動上相對比較單純、有一定的軌道，大可放心交給下一代有潛力的同仁接手，才能代代傳承，讓部門維持高度競爭力。

如果這些原本應該承接成長的人選都讓你如此不放心，或許你就該認真思考另一個問題——這些人是否適任？是否應該將他們換掉？重新聘用素質好、具發展潛力的人，才是解決問題的根本方法。

從整體效益來看，**正確的做法應該是顛倒過來，既然是要去開發新市場，當然應該將更有戰鬥力、更有經驗、具有市場殺傷力的猛將擠出來，讓他們擔當開發新業務的職務**，才能收事半功倍之效，也才能帶動部門向上，提升整體競爭力。

五、透過「輪值」概念活化組織

原來負責物流作業的進貨組、撿貨組與合流組，都是各自獨立作業，因此，不是很忙就是很閒。當進貨組很忙時，合流組則處於空檔，當合流組很忙，進貨組卻無事可做，彼此並沒有支援。

後來調整了原本各自獨立的作業方式，改採「輪值」作業：由三個小組同仁分別擔任值班經理（Duty Manager），每兩個月輪替一次，大家互相幫忙，共同完成進貨、撿貨與合流的作業。結果工作不再多寡不均，一起作業不僅增加效率，工作情緒也更愉快。

這樣的改變，讓我覺得非常好，隨時調整，**以互相幫忙的概念解決組織中的問題**。雖然小組中還是同樣那些人，可是當組合不同，所產生的效益也就會不同。所以主管應該隨時注意，如何運用小組共同的力量突破組織中的問題，讓工作更順暢、愉快。

相同概念也可應用在業務單位，比如說在賦予任務時，為訓練同仁快速擁有更多知識、開發業務更順暢，就可採取輪值方式，以委員會（Committee）的概念，輪流當主席，讓小組同仁分別貢獻專長的產業知識，一起分享與成長。又

比如在教育訓練方面，可以先指派某位教師教某課，之後採輪流制，透過不同的分享和激勵，收穫更多。

更進一步來看，這概念不僅解決了組織中工作不均和人員不交流的問題，對主管而言，還有許多管理上的優點：

1. **培養多元能力**：除了自己的專長外，也能具備其他相關常識，建立多元能力，提升團隊整體素養。

2. **備胎效益**：讓組織調度更具彈性，解除人員突然請假、離職、調職等人力無法補位、支應的窘境。

3. **公平競爭的遴選方式**：在同樣的條件資源下，透過輪值方式，提供大家公平展現能力的機會，對主管而言，也是未來拔擢幹部最好的觀察和遴選方式之一。

小結：提升組織效能是
　　　主管隨時隨地要關注的議題

最後我想建議的是，當組織架構出爐後，不必立刻急著發布，最好放個一、兩星期沉澱一下，看看是否還有其他建議，再想想看：升遷或不升遷的安排真的想清楚了嗎？職務安排需要再做調整嗎？畢竟茲事體大，在務求周延的前提下，隔個幾天再深思一下總是好的。

綜合以上要點，提醒大家：

1. 每個人一定有他的特長，身為主管不但要了解成員特性，知道怎麼用他，還要為他規劃出足夠發揮的新平台。務求適才適所，才能人盡其才。

2. 主管應該隨時隨地思考人員的定位與調整、如何擴大同仁的挑戰平台，這是主管的日常課題。

3. 身為主管必須清楚賦予組織內每位同仁的責任範圍與延展平台，給每個人比較大的空間，讓同仁樂於跳出現有資源，具展翅、負責的動力。

4. 面對一直無法適應新平台的同仁，也應該依據實際狀況重新縮小其工作範圍，以求適才適所，讓他做最好的發揮。

5. 明確賦予責任範圍最好是從「名字」的定義上就能夠有所區隔。不僅要注意名字的定義，更應該盡可能在名稱中賦予願景。當上述考量妥適後，最後還必須正式、清楚地宣告，告訴團隊成員及大家新職掌的重點及延展的願景可以負責到哪裡。

6. 賦予同仁不同的執掌時，因為主、客認定的不同，其所著重的工作重心與成效也會大為不同，應該慎重考慮，不能馬虎。基本上，應該是以大格局為主，但是還要參

酌被指派者的資質及能力，通盤考量，以求適才適所。

7. 面對大環境的景氣嚴峻，更應該用加減乘除的整體概念來詳細評估組織加人、減人的問題，甚至應該更積極思考如何尋找出新的空間，或是從組織上著手，提供可以發揮人力資源槓桿能量的創新想法。

8. 單位主管出現空缺，主管不能先假設底下無能人，而跳下去補位。相對地，也不應該因噎廢食，為了等待同仁成長而懸缺過久，反而適得其反。

9. 當公司賦予新的目標，而且目標遽增時，身為主管必須從組織架構開始檢視，再思考相關人力配置的問題。

10. 組織調整公布前應再沉澱個一、兩週思考，以求周延。

11. 組織內也應該以更開放的心態，適度考慮吸納外來的優秀人才，以活絡組織運作，這就是促進組織成長的「鯰魚理論」。

12. 主管開完會後最重要的課業是進行「人事調整」，透過指派兼任、調動、改變功能（Function）或成立專案小組（Task Force Team）等方式做出因應，盡可能提升組織效能並讓其功能極大化。

6 育才：十大關鍵思維

選用一個人往往需要耗用公司或高階主管許多心力和時間，但進到公司後，如果沒賦予適當平台及職權，加上耐心培育，可能無法培養出好的人才、讓他們發揮所長，造成埋沒人才，甚至流失人才，殊為可惜。

因此育才是經營企業一個重要的課題，主管更應該重視員工及幹部的需求與發展，要培養人人有獨當一面的能力，讓他們可以在適當的平台上成長、貢獻，我綜合整理了十大育才思維供大家參考。

一、重視培訓，降低期望值，眼光放遠

員工幹部需要培訓才能養成能力，但往往因為訓練好的

人才容易流失，還有真正能訓練成功的比率偏低，因此降低了培訓的意願，總希望挖角別人訓練好的人才較省事。

我個人經營公司時特別注重培訓，自始至終不氣餒，親自編教材、授課，之所以能保持這樣的熱忱，是因為想通了一些道理，其中最重要的是降低了期望值，**認為只要有兩、三成的員工能吸收，並運用培訓所學知識的兩、三成就滿足了。**

至於人才會流失也是正常的現象，**只要每年訓練好的人才能留下兩、三成，累積下來也是很可觀的。**但事實上，參與培訓的員工往往定著力很高，超乎預期。

二、培訓的邊際收益，團隊交流合作

如前所述，過度在意培訓內容的收益會降低意願，我發現在培訓過程中，因為員工聚在一起，以及有短期的相處，加上在課堂上透過小組討論（Workshop）的操作，大家互相交流，更加了解彼此，造就了以後各部門合作的默契。

這就是透過一些主題的培訓，收到團隊合作（Team Building）的邊際收益，這個好處往往大於培訓內容的收益，也大於純聚餐的效果。

　　了解了這個道理，就會更加樂意加強培訓，因為它的效益不光是培訓內容，也包括邊際收益，因此會更積極研究及調整培訓的最佳方式，藉此收到雙重效果。

三、內外講師併用，教學相長

　　我在經營公司初期，常常聘請外部專家顧問利用週末授課分享，外部顧問比較偏重理論及精神面向，這些方面都是很重要的知識，但仍缺乏實務運用的部分。

　　每個行業的特性不同，運作模式也不同，外部顧問專家也不甚了解，只能借用公司幹部來完成培訓內容，**最好也聘請顧問將幹部培育成內部講師，一則幹部享有老師的榮譽感**，也因為要授課，必須搜集及研究更多資料，**收到教學相長的效果，會愈來愈專精，成為某一課程的達人，更間接建立了傳承制度及資料**。同時因為建立了師生關係，在團隊合作上有很大的好處，也加強了員工的定著力。

四、適當授權，機會教育，
　　容許學習曲線的錯誤，勿獨撐大局

　　要培育人才，**必須懂得適當授權，就幹部才能所及的部**

分充份授權，保留局部權利在手上。超出授權範圍外時，幹部需要來與你討論，就是最好的機會教育。

常聽很多幹部嫌他的屬下太笨，還滿驕傲地告訴別人，好多工作都是由他一個人獨撐，其實如果你常抱怨自己部屬太差，自己獨撐工作，你絕對不是一個稱職的主管。

當部屬去做某些事情時，因為經驗比你還差，處理的結果絕對比不上你自己處理來得快速、完美，甚至出現不少差錯。這是正常學習曲線的錯誤，必須容忍並導正，千萬別因此獨撐工作，甚或部屬電話講到一半便搶過來代打。一個人再強，也只有兩隻手、二十四小時而已，**一定要適當授權並訓練部屬成為你的幫手**。

五、積極幫被拔擢的部屬鋪路

「培養接班人、順利銜接」是主管的**當然責任範疇**，所以在銜接的過程中，應該盡可能事前幫被提拔的部屬鋪好路，比如說：

1. **工作上需要調整或增添的設備**：如電話會議、主管房間、座位安排⋯⋯。

2. **職前訓練**：示範很多東西給他看，讓他做好上任前的職

前訓練與認識。

3. **同儕的心理建設**：事前告知並安撫其他人，讓團隊願意支持他。

4. **對外人際關係的打點和轉換**：帶他一起拜會與其職務上有關的客戶、跨部門主管等等。除了關係的轉介、熟悉外，甚至主動製造機會讓他認識更多人。

5. **職務上的熟悉與支援**：有些會議可能需要幫他站台，甚至先幫他開場，或是某些作業、流程帶他走一遍等，讓他對新職務能有熟悉、轉圜的空間。

6. **不定期幫他打氣**：定期檢視部屬接手的狀況與進度，時時幫他打氣，協助他可以在三至六個月內完全上手。

六、善用部屬的優點，適才適用，樂於、勇於幫助，改進其缺點

　　每個人都有不同的個性及優缺點，主管必須能徹底了解，以**欣賞優點**的角度出發，將組織或工作內容適當調整，達到適才適用，切勿因為只看到部屬的缺點就排斥他，或讓他自生自滅。至於部屬的缺點，主管應該樂意且具有不斷提醒部屬的勇氣，適當地幫忙他改進。

一般主管總是喜歡扮白臉，不太敢直接明指部屬缺點，其實，如果主管能夠以**私下懇談**的方式與部屬溝通，多半部屬是可以接受而且還會感激你的。

或許偶爾會因為某些頑固部屬不能接受你的提醒，甚至誤解你的好意，或表面接受、內心仍存不滿，讓你倍感失望，此時，除了檢討你自己的溝通方式和技巧之外，**我認為：只要立意是為部屬好，出於善意，你大可問心無愧地糾正他**，或許在眼前部屬會氣你，日後可能變成感激。以我自己來說，當我立意善良去糾正部屬的錯誤或缺失時，我不太在意他走出房門後的反應是感激、不高興或不以為然，因為我是基於無私的原則，提供屬下中肯的建議。

須知，糾正部屬的缺點與錯誤是主管的責任和義務，不容偷懶，**寧可讓部屬現在埋怨你，日後感激你，也不要讓部屬日後埋怨你一輩子**。因為如果你未盡到主管教導的責任，反而是蹉跎了部屬成長、發展的時機。

七、樂於施教，創造好的學習環境與風氣

業務員願意留在公司服務，除了薪資、福利、工作內容之外，**其實他們最關心的莫過於公司主管是否能領導他、教**

導他，還有公司或部門裡是否有良好的學習環境與氣氛。因此主管必須具有樂於施教、不厭其煩的特質，積極培養你的部屬，最好能傾囊相授，不必擔心部屬比你強。

切記：如果你無法培養出好的部屬，充其量你只是一位老士官長，而非將才。更何況，當你沒有好的部屬襯托時，你是無法往上升遷的，所以不要一直埋怨你的部屬是群庸兵，其實有 60% 以上的原因是主管未盡教導責任（其他公司、部門的兵也絕不是天生好兵，是訓練出來的）。所謂強將手中無弱兵，其實並非他擁有天生強兵，而是**強將懂得訓練，知道善用部屬的優點**。

如果你經常有想換兵的感覺，或者你部屬的流動性太高，不要怪東怪西，請先檢討自己是否盡到主管輔導、教育、訓練的責任。換一個兵是否會更好，其實是問號，或許另一個新兵少了某些缺點，可是又出現了其他缺點。所以主管必須充實自己，珍惜自己的兵，做好訓練才是根本之道。當然，也並非完全得由主管自己進行訓練，有些部分你也可借重外部顧問或別部門的支援共同來做，但無論如何都必須由主管先行費心安排，才能創造出良好的學習環境與風氣。

八、耐心傾聽，協助部屬解決問題

有些主管無法耐心傾聽部屬的心聲，未聽到部屬真言便打斷話題，只想用權威解決問題，以致多半只了解到問題的表皮，並未真正協助部屬將問題解決，所以隨時都有可能再爆發另一個問題，讓團隊很難成長。

真正好的主管必須**耐心傾聽部屬的九句廢話，以求一句真言**。當了解部屬的問題及困難之後，你一定要挺身而出、盡力幫忙部屬解決困難。如果問題在客戶端，便隨同一起拜訪客戶；如果問題在公司內部，便與相關人員或高階主管討論；如果問題在供應商端，便親自寫電子郵件、拜訪供應商或請求內部主管協助。

不論最後結果如何，部屬總是感激的，這不僅是育才的一部分，也是帶兵帶心之道。如果你只會用權威帶兵，不常以討論的方式與部屬建立良好的溝通管道，或者你只做到「**了解問題但未協助解決**」，**絕對得不到部屬的心，也無法讓團隊成長茁壯**。

九、耐心解釋，耐心開導

除了耐心傾聽之外，更重要的是**耐心解釋與開導**。許

多部屬會因為角度不同或對全面性事務了解不夠徹底之故，常會抱怨公司、供應商、其他部門或同事間的種種不是，這時，主管必須要非常有耐心地開導部屬，不厭其煩地解釋，除了讓部屬能以不同的角度去看事情之外，還能擴展更大的格局和視野。

十、主管的門永遠是開的，資訊是透明的

好主管的門應該是永遠開著的，讓部屬隨時可以跟你聊聊，而且要**能聽得進別人的意見，勿固執己見**。

除了最敏感的薪資和人事案件之外，所有的資訊愈透明愈好，有些主管刻意不讓部屬知道太多，其實聰明的人自有辦法得到消息，笨的人你給他訊息也沒有用，其實不必遮遮掩掩。切記：**真正需要、常用那些資訊的可能是你的部屬，不要把資訊只留在你手上、不給部屬使用**。我個人不太習慣關起房門來討論事情，也不太習慣別人給我的文件要密封（除了敏感的薪資與人事案件），其實你愈關起門來討論，別人愈有興趣打聽或猜測，可能產生很多不必要的聯想與謠言。

小結

最後，再提醒各位主管，特別是高階主管，我們必須在擇人、用人、育人三階段都將人的問題放在心上，永遠列為最重要的事項，以這樣的思維、態度、作業方法去尋覓人才、發掘人才，甚至激發人才，才有可能讓你的團隊將士用命，個個是人才。

提醒大家注意：

1. 「人」的事情永遠應該排在第一順位。

2. 由上往下的面談模式，以時間來講，是更節省的；以決定來看，是更迅速的；以面談內容來說，是更深入的。

3. 選人若一開始就出錯，在一段時間後就會成為組織管理上的絆腳石，所以無論應徵職位的高低，高階主管都該認真正視。

4. 愈高階的主管平常愈沒有直接與屬下一起工作，所以除了新人應徵時的面談，高階主管還應掌握試用期滿的面談與考核時的面談，與員工進行深入溝通。

選用一個人往往需要耗用公司或高階主管許多心力、時間，因此主管們更應該在育才上下工夫，每隔一段時間，

花時間與他們進行「心談」，確實掌握需要、適時回應與提供協助，引導同仁發揮潛力，適才適所，促使團隊達到最佳綜效。

7 留才（一）：激勵面面觀——周全的紅利獎金制度

　　要留住好的人才，除了要積極培育、適當授權，以及和諧文化、公平升遷制度……外，更需要有好的激勵措施，作為員工努力的回饋。員工得到回饋就會把公司當作自己的公司，更努力付出，創造更佳的獲利，形成善的循環。雖然沒有出去創業，也形同利用公司的平台創業一樣。讓幹部成為股東的一份子，都得到合理的利潤分配，自然而然定著力就好。

　　我經營的友尚公司已經步入第四十個年頭，因為留才得宜，一層層的幹部都很資深又優秀，未出現斷層的現象。

獎金種類

　　廣義的獎金，包含了**各項 KPI 績效獎金（或稱工作獎**

金、專案獎金）、員工分紅、股票選擇權、員工增資優惠股、虛擬股票紅利，發放方式可以按件、按日、按月、按季、按年計酬。

　　基本上可以分成三個層次來設計激勵制度：**第一層是基層員工，適合用各項 KPI 績效獎金，按月或季發放。第二層是重要幹部，宜以公司年度盈餘為基礎，提出適當比率當紅利發放。第三層是核心高階主管，適合用實際入股當股東或虛擬乾股股東的方式。**

圖1 激勵的三個層次

核心主管	重要幹部入股或乾股
重要幹部	紅利
基層員工	KPI 績效獎金

每一層員工都很重要，必須統統照顧到，才能更建全公平，讓員工願意付出全力為公司打拚。下面章節分段落介紹一些觀念，以及各種不同獎金的設計方式與細節。

基本心理建設：三七分配原則與 KPI 搭配

在設計激勵措施前，先要有一個重要的心理建設，那就**是三七分配原則，勞方拿走 30%，資方保留 70%，是自古以來很公平的原則。員工領得愈多，資方也得到愈多，應該愈高興。**拿得到的獎金制度才有激勵效果，永遠掛在天上吃不到的制度是無用的。勞方雖然拿走 30%，但其實有一部分是他們多創造出的利潤。

其次就是**要有配套的 KPI 來衡量**，作為獎金的分配基準，才可以讓員工有目標，激勵員工前進。當然也不能忘了照顧後勤支援的員工。

獎金分配的困擾

激勵措施看似容易，卻又隱藏著很多複雜的問題。如果分配不公平，可能產生更多的負面效果，其複雜性在於各部

門大小不一，獲利及貢獻度不均，各部門人均產值基礎不一樣，其成長難易程度也不盡相同。有些現成業績部分是天上掉下來的，並非 100% 來自努力，加上新事業部成長較不容易等，這些都是每家公司存在的問題，形成獎金分配的困擾因素。

表1 獎金分配的困擾

1. 各事業部門大小不一，獲利不均；

2. 各部門的產品屬性不同；

3. 各部門基礎及成長率不同；

4. 各部門貢獻度不同；

5. 人均產值不同；

6. 現成業績非 100% 來自努力；

7. 新事業起步較難；

8. 發展的目標重點不同。

多項獎金組合較公平

為了解決獎金分配的困擾，**我的公司團隊每年都先預估獲利，將準備用在獎金的預算，先分成紅利及季獎金兩大塊，比例可以一半一半，或四六分**，季獎金如果發放過多，便可以在紅利上減碼，反過來，如果季獎金沒有用完預算，就可以加碼發放紅利。

接下來再將季獎金預算切割成各種 KPI 獎金，比如說業績達成獎金、新客戶開發獎金、新產品開發獎金、人均產值管理獎金、呆帳呆料管理獎金、淨利成長獎金……讓不同部門、不同屬性的同仁都有各自努力的目標，也許在某一項獎金上不利，但另幾項卻是有利，達到相對的公平性。

基本上業績達成獎金最重要，它是根據業績目標及達成率設計出來的，達成率高公司獲利才高，**是獎金預算的火車頭**，所以這項獎金在季獎金預算的占比應該最重，至少應該占七成以上。其它三成季獎金預算，可依照需要分配到其他獎金項目，這些都屬次要 KPI，但也不可偏廢，才能面面俱到。

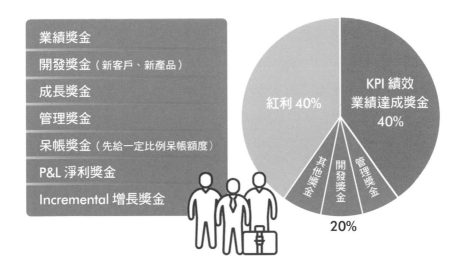

圖2　解決方案──多種 KPI 績效獎金搭配組合較公平

業績獎金
開發獎金（新客戶、新產品）
成長獎金
管理獎金
呆帳獎金（先給一定比例呆帳額度）
P&L 淨利獎金
Incremental 增長獎金

紅利 40%

KPI 績效
業績達成獎金
40%

其他獎金　開發獎金　管理獎金

20%

團隊、個人業績並重

在設計獎金制度時，如果都以個體戶業績為基準，也容易形成個人英雄主義，造成團隊不合作，甚至因既得利益的問題而產生客戶、產品的負責人員更動困難，新接手的人也可能得到天上掉下的禮物，個人業績也比較容易受某些因素影響而起伏太大。因此，**我通常採用團隊及個人並重的方式**，比如說團體的業績達成率占六成，個人業績占四成，**混合計算後得出綜合達成率**，例如：

$$團隊達成率 \times 60\% + 個人達成率 \times 40\% = 綜合達成率$$
$$110\% \times 60\% + 130\% \times 40\% = 118\%$$

比率上也可依需求改變為 8：2 或 5：5 或 4：6，端看階段性希望強調的任務而定，隨著成熟度來調整，初期可以考慮團隊達成率占比高一些，再逐年調降比率。

這裡所謂的團隊，是指個人位置的上一層，比方說課的上一層是部，部的上一層是處，處的上一層是事業單位，事業單位的上一層是整體公司，整體公司的上一層是全球集團公司，以此類推。

團隊達成率也可以設計為三層各占不同比率，最安全的是用整體公司達成率當作基本數，意思是如果整體公司達成率不錯，大家都可以分一杯羹，反之如果整體公司不佳，個人也受影響，少拿一些獎金。

業績達成率不等於貢獻度

通常業績小的單位，其達成率比較有機會超標，很容易達到 150% 或 180%，但其實貢獻度不高。在寫業績預算時，有些業務員態度保守或隱藏實力，有些業務員又過度積極，積極者被賦予很高的預算目標，結果達成率不佳，讓保守者反而占了便宜。

因此獎金設計可以考慮定出上下限，比方說最高達成率是150%，最低達成率是 70%，超出 150% 的以 150% 計算，低於70% 的部分也以 70% 計算，藉以平衡上述問題。

表2 低預算容易超標

預算	達成	達成率	貢獻度
100 萬	125 萬	125%	**25** 萬
1.0 億	1.10 億	110%	**1000** 萬

用底薪係數計算獎金的方式

最常見的方式是，以營業額或總毛利或淨利乘以某一比率當作獎金，但它有缺點，同等的獎金數額對不同薪資等級的人意義不同，1 萬元獎金對月薪 3 萬元的人算多，但對月薪 10 萬元者的誘因就算小。

另一個缺點是因為用堆疊的方式，中間每一層都有堆疊營收，到最上層營收會很大，每一層的抽成比率很不好決定。

為了避開上述缺點，我慣用的方式是就預估的營收，

先算出可能的獲利數字，取出適當比率當作四季總獎金的預算，再除以每月底薪薪資的總和，就可得出獎金是多少個月的底薪。假設預計達標時會有兩個月的獎金，把它分成四季，每季的基礎就是 0.5 個月的底薪係數，用 0.5 個月的底薪去乘以綜合達成率就是應得獎金。

這樣的方式同時也**解決後勤人員的獎金問題**。業績能達標，後勤人員也是功不可沒，通常我用上述的**獎金係數打七折當作後勤人員的獎金**。

表3 用底薪係數計算獎金的方式

1. 營收或總毛利或淨利 X ?% = **獎金基本數額**
   獎金基本數額 X 個人或單位達成率（%）= 個人或單位獎金

2. 定額獎金或月薪基數
   以單位的營收或總毛利或淨利達成率算出**定額獎金或月薪基數**
   （**定額獎金或月薪基數**）X 個人或單位達成率（%）= 個人或單位獎金

例如：達成率 100% 提列 5000 元或 0.2 個月薪基數

- 用月薪基數已隱含職級、年資、表現的考量。
- 達成率：計算方式對較小預算較有利，仍有不公平之處。
- 預算設定會有隱藏或誇大的情形。

淨利增長獎金

用營收或總毛利的達成率當作獎金的基礎，事實上與淨利貢獻度不一定相符。營收或總毛利高，不代表淨利高，如果能用淨利當基礎來計算是比較公平的，但要計算出淨利，就牽涉到費用分攤的問題，費用分攤其實很難做到百分之百的公平，往往各部門都對分攤方式有很多爭議。

雖然對分攤方式會有爭議，但最後仍可達成共識，勉強可得到各部門的淨利數額。過去我一直想要用各部門的淨利（Profit & Loss）當獎金基礎，但困難的地方是各部門大小不一，獲利數差異甚大，尤其新事業部門的淨利可能是負數，如果用淨利計算就得不到獎金，大家都不想挑戰新事業部門。

後來我想出了一個絕招，**把「減少損失」當作「淨利增加」**，如果 A 部門去年虧損 3000 萬，今年結果雖然仍虧損 1000 萬，但因為減少虧損 2000 萬，就當作淨利增長（Incremental）2000 萬。假設 B 部門去年賺 1000 萬，今年結果雖然成長賺了 1500 萬，但淨利增長卻只有 500 萬。

有淨利應該給一定比率當獎金，鼓勵其貢獻是天經地義的，但淨利增長更應該大力鼓勵。因此我提高一倍獎金係

數，如果淨利的獎金係數是 1%，那淨利增長的獎金是 2%，這樣既照顧到淨利貢獻度的合理性，又鼓勵淨利增長，讓負責現況是淨利負數的部門主管勇於挑戰，獎金也有機會超越原先淨利正數的部門主管。計算公式如下：

部門獎金 = 淨利的 1% + 淨利增長的 2%

A 部門獎金 = 0（因為虧損，淨利為負數）+

淨利增長 2000 萬的 2% = 40 萬

B 部門獎金 =

淨利 1500 萬的 1% + 淨利增長 500 萬的 2% = 25 萬

可以看出仍虧損的 A 部門反而領到更多獎金，得到了相當的激勵效果。

職等及個人基數的運用

如果公司的人數眾多，在分配獎金、紅利、紅利股票、增資股票……時，往往要費很大的工夫，才能計算清楚。**我個人慣用的方式是將每個人賦予一個基數，該基數係依照職級、年資、綜合表現而定**，也就是每一位員工在公司的重要性，用一個基數來表達，示意如表 4：

表4　利用個人基數分配獎金

職等級	基數
一職等級	1.0～2.0
二職等級	2.0～3.0
三職等級	3.0～4.0
四職等級	4.0～5.0

　　同職等級的員工依其綜合表現及年資分別給予不同基數，比方說三職等級的經理級幹部，有些是 3.2，年資較資深或表現好一點的是 3.5，再好的是 3.7，依此類推。

　　每年再依據考核結果，重新修正個人基數，這個基數代表個人在公司的相對價值。

　　把每一位員工的基數加總就是全公司基數的總和，將部門的員工基數加總就是部門基數總和。如果有獎金、紅利、股票……要發放，這個基數總和就可當作分配時候的分母，用總公司或部門可分配的獎金、紅利、股票總數除以分母，再乘上個人基數，便是個人分配數，相當方便計算，尤其是員工數多的情況。

小結

　　獎金制度的學問很大，也很複雜，**不同階段適用的方法也不同，常常需要各項獎金混用**，即使是同一項獎金辦法，各個參數也要根據每年執行的狀況及現實環境修正，**不斷修正是不變的原則**，並非是死板板的一套。至於讓員工入股成為股東或以乾股的方式為之，牽涉範圍較廣，將在下一篇文章介紹。

8

留才（二）：
乾股轉換獎金，
留住好人才

　　曾經有位參與「創業 A+ 行動計畫」的新創業主告訴我，過去他為了留住人才，開放員工入股，但後來有兩個幹部相繼要離職，這兩位幹部合計占了 25% 的股份。根據當初的協議，離職時應按照離職當時的公司淨值，將股票轉賣給創業負責人或其指定的人員，但是現在公司獲利不錯，這兩年的 EPS 平均大約 4 元，且已規劃於近期內上市櫃，推估上市櫃後市價一股可能落在 50 元至 70 元之間。由於過去公司每年均配股息，目前公司淨值大約 18 元，這兩位幹部不願意依協議以淨值 18 元賣回股票，雙方爭議了很久，搞得很不愉快之外還沒有辦法解決問題，非常頭痛。

　　過去我們為了留住好人才，也是開放員工入股，並簽訂類似離職賣回股票的協議書，但所幸沒有發生幹部離職賣回

的爭議，因為當時員工對於股票價值的認知不足，離職時乖乖地依照協議以淨值賣回股票，公司得以順利收回股票再轉給新進幹部。

但是現在的員工普遍具備資本市場的常識，都知道公司的股票價值超過淨值很多，也知道《公司法》保障股東的權益，公司負責人不能強迫員工賣回股票。雖然簽了賣回協議書，**但可以不賣回給負責人或其指定人員，因為協議書違反了《公司法》母法，所以員工在法律上站得住腳。**

因此前述案例的爭議，只能私下好言相勸，出個較合理的價格買回，或買回局部，留一部分給離職幹部當犒賞。

每一位經營者都希望留住好人才，也很想開放員工入股，但常礙於員工沒有足夠的資金入股，員工也擔心公司不賺錢，就算公司賺錢，但短期無法上市櫃，所投資的資金不流通，變成不動產。經營者更擔心若開放給員工入股，**萬一員工離職時把股份帶走，就沒有多餘股票可給新進幹部**，也擔心給了股票入股，但後來該幹部表現不如預期。這些問題很難處理，但偏偏又很重要。沒有好的經營團隊，就不可能把事業經營得出色，要留住好人才，除了要有良好合作默契、適當授權、足夠舞台、優秀的領導統御……等條件外，仍需要給予實質經濟面的收益。

乾股轉換獎金的計算方式

我有個慣用的「乾股轉換獎金」方式，可以解決大部分的問題。**也就是向大股東及董事會爭取適當比率的虛擬股票，分配給員工，讓員工有認股的認同感，也有明確的虛擬股票張數。員工分配到的認購權證是虛擬的股票，賣回虛擬股票所得到的價差是紅利，也是獎金的一部分。**

比方說股本是 1 億，取一千八百張（18%）當虛擬股票總張數，由公司分配給現在及未來的主要經營幹部，分五年兌現，等於每年向幹部買回總數三百六十張的虛擬股票。買回的價格則依當年度 EPS 乘以八倍的本益比，減去成本票面價值 10 元。

表1	虛擬股票張數的計算方式
資本額	100,000,000
總股數	10,000,000
員工股票選擇權	18%
資本額 X %（元）	18,000,000
員工分紅張數	1,800
分五年每年張數	360

比如說當年度 EPS 為 5 元，乘以八倍減去 10 元等於 30 元，也就是一股價差有 30 元。假設其中有一位重要幹部分到一百張，每年可以兌現二十張，每張有價差空間 30 元，等於拿到 60 萬的獎金。

如表 2 所示，公司每年依推算的市價買回總數三百六十張虛擬股票，按 EPS 的高低來看，員工拿到的獎金數，最低為盈餘的 5%，最高是 28%，表示如果公司獲利好，員工就

| 表2 | 虛擬股票獎金數的推算 |

EPS	本益比	市價	票面價	溢價單張價值（千元）	稅後盈餘	總張數	員工張數	員工利益（千元）	員工占純益比
1	8	8	10	-2	10,000	10,000	360	(720)	-7%
1.5	8	12	10	2	15,000	10,000	360	720	5%
2	8	16	10	6	20,000	10,000	360	2,160	11%
3	8	24	10	14	30,000	10,000	360	5,040	17%
5	8	40	10	30	50,000	10,000	360	10,800	22%
7	8	56	10	46	70,000	10,000	360	16,560	24%
10	8	80	10	70	100,000	10,000	360	25,200	25%
20	8	160	10	150	200,000	10,000	360	54,000	27%
30	8	240	10	230	300,000	10,000	360	82,800	28%
40	8	320	10	310	400,000	10,000	360	111,600	28%
50	8	400	10	390	500,000	10,000	360	140,400	28%

拿得多，對雙方來說均是合理公平。

如果實際股本不容易核算，或稅後淨利不準確，導致 EPS 不容易計算，則**可採約定營收或總毛利達到什麼標準，就提撥多少紅利獎金，並依幹部的重要性預先分配適當權數**，也可達到同樣目的。

乾股轉換獎金的優點

這個辦法有很多好處：

1. 員工不用借款認股，它是無償給予。

2. 經營者不必為了員工股票的流通性而急著上市櫃。

3. 買回的資金是費用化的支出，占比落在淨利的 5% 至 28% 間，在一般投資者可接受的範圍內。

4. 依約定，員工離職即喪失權利，不會因離職而帶走股票，取回的部分可重新分配給新舊幹部。

5. 即使公司未上市櫃，仍比照上市櫃時的價差向員工買回，非常合理。

6. 依 EPS 獲利高低決定價差，對團隊及投資者都很公平，

員工會努力貢獻，投資者也可更放心。

7. 過往給員工認購便宜的股票，離職時想買回，雙方價格容易有爭議，此方法省掉這個麻煩。

8. 這方式是乾股轉換為獎金，不是正式的股票選擇權，不受法令繁複的約束。

9. 幹部有明確的分配張數，且有明確的計算標準，有股東的認同感。

10.已兌現的張數，可在適當時機再重新發行。

11.部分保留在經營者手上的虛擬股票，可隨時追加給表現優異的新、舊幹部。

12.對員工而言，形同每年按比率賣掉手中持股，兌現成現金，有及時的激勵效果，跟員工當初實際認股、再到市場賣股賺價差，其實一樣。

　　這個辦法唯一的「缺點」是，當公司虧本時，員工並不**會有實質損失**，只是沒拿到多的獎金，心沒那麼痛，所以努力工作的動機可能較不強烈。**不過公司的出發點本來就是分享好處給員工**，而不是讓員工成為分擔損失的「分母」。

第四章
財務：透視損益的真諦

經營企業最重要的目的是獲利，其結果就是損益（Profit & Loss，下稱 P & L）數字，大家都希望有好的獲利數字，對企業主、股東、員工才有交待，有好的成就感，也才有能力去實踐偉大的願景。

一般公司各單位都很想用損益結果當 KPI，作為紅利獎金的發放基礎，也作為考績的重要參考因素，但是過度強調或扭曲使用，會出現追求短期效益、阻礙新市場或新產品開發、失去未來動能，以及決策偏向本位主義、斤斤計較、合作關係惡化等偏差。

唯有正確了解 P & L 的意義，才會收到更好的激勵效果。我將自家公司長期推行 P & L 的經驗寫出來，助大家破解迷思、靈活運用！

① 實施 P&L 的五部曲

前面章節提到激勵員工及 KPI 的連結，根據各部門 P&L 作為 KPI 來設置獎金辦法，是一個較為公平的制度，但在執行過程中，仍會發現有很多問題。

廣義的 P&L 並不是表面的損益數字而已，它牽涉到的範圍甚廣，如果未充分體會 P&L 的真諦，在執行上就會有偏差，可能過與不及。我有些經驗可以提供參考。

本章從一些狀況談起，歸納出下列重點：

1. 實施 P&L 的五部曲；
2. 面對 P&L 常見的迷思；
3. 掌握 P&L 精髓的正確思維；
4. P&L 靈活的應用。

關於 P&L 的三個案例

案例一：海外出差的邊際效益

前幾天，某位產品經理要陪客戶到海外拜訪供應商，當他的國外出差單送簽到我這時，我一看他只請了兩天公差，就知道這趟出差一定只單純陪客戶開會，並未安排其他行程，於是我把產品經理的主管請來，告訴他這樣的做法並不正確。

既然我們已經要陪同客戶出差到海外開會，何妨事前多安排一些和其他部門或廠商的拜會行程，在任務圓滿完成後，我們也不一定非要和客戶一道回來，可以在當地多停留幾天，繼續參訪其他相關單位。

或許還可藉此解決與其他單位間懸而未決的問題，或是爭取到更具競爭力的價錢、合作條件，甚至多蒐集一些相關資訊、帶些樣品回來……都很好。從某種層面來看，這樣不也等於將出國的差旅費都賺回來了嗎？否則豈不是白白花了一趟出差國外的費用，卻沒有發揮此行最大的邊際效益？經過提醒，這名主管豁然

開朗，也立即處理。

案例二：成本也是影響利潤的重要環節

過去友尚的硬碟（HDD）裝箱後，透過海運運送，2009 年因為缺貨，改用空運處理，因而每月運費暴增至 700 萬至 800 萬元左右，甚至有時還會飆升至上千萬元。面對這樣的數字，我不得不提醒負責的部門主管，請他盡快設法處理。

負責的部門主管於是將此事轉給總務，請總務協助處理。數日後，總務協調的結論是：經過詢價、比價之後，市面上其他兩家 B、C 公司的價格都比目前配合的 A 公司高出 12%，友尚硬碟裝箱空運的價格已經是業界最低、最具競爭力的價錢。

我聽到回覆後，請總務再次聯繫 B、C 兩家公司，請他們到公司重啟談判。協商前，我交代總務同仁將相關資料準備好，進行協商時，必須具體地告訴廠商，友尚目前的量有多少，如果他們願意提供更具吸引力的價格方案，友尚可以撥給他三分之一或二分之一的量，等於多少價值。有了具體數據作背景，並誠心慎重地協商後，最後 B、C 公司都願意以比 A 公司還要低 28% 的價格承接友尚的業務，運費過高的事情終於有效解決。

照理說，部門主管每天面對報表，一定會看到「運費」數字，為何沒有切身之痛的感覺，積極處理？一般大致是兩個錯誤迷思造成：

第一，認為這不屬於我的權限範圍。 處理「運費」這件小事，似乎不是業務高階主管的事，所以負責的部門主管一直未注意到，也從未想到該處理，即使後來經我提醒，也是交由總務處理。

第二，部門主管沒將運費的增加項當作 P&L 的一部分，只從業績端考慮毛利狀況， 卻未想到開銷的節省也與利潤有關。事實上，只要設法降低運費就可以直接增加利潤，提升 P&L 的貢獻值。

案例三：只會加減不會乘除，抱怨連連

友尚在大陸設有許多據點，為考量經濟效益，都整合各地需求後每週「出／進貨」一次，比如說，上海就統一每週從香港進貨一次。

某次業務會議中，大陸內地的業務同仁提出抱怨：一週只能進貨一次，一旦錯過就得等到下一個星期，在愈趨競爭的市

場上很難做事，常常會造成客戶的不悅，所以對客戶端的服務不盡理想。

　　雖然管理部解釋這麼做的理由，是出於節省運費的考量。但是，我立刻告訴管理部的同仁，**這種「只會加減，不會乘除」的觀念是不對的**，你們只計算到運費、報關費所發生的直接成本，卻沒計算到客戶端或其他方面可能衍生間接成本的損益得失，例如：

1. 利息的損失；
2. 取消訂單或產生爭議、賠償的損失；
3. 失去客戶的損失；
4. 跌價的風險損失；
5. 匯兌損失；
6. 降低業務員開發的意願。

　　以上這幾個問題看似間接，但可能造成的損失將遠遠超過節省下來的運費。於是我請管理部門列出所有直接項目、間接項目，甚至可能衍生出的各種問題項目，經過加減乘除，重新提出折衷的建議方案。最後管理部在完整考量和分析後的最佳方案是將「出／進貨」由一週一次改為一週兩次，如果有例外情形，也可以臨時追加或特別請求。

P&L 實施五部曲

這些看似「小事」的背後，其實也反映出許多主管的經營管理思維，不由地讓我回頭檢視推行 P&L 這段歷程的轉折。

友尚從 2007 年開始實施 P&L 制度，原是希望能更客觀地依據各事業群、部門或個人對公司整體獲利的貢獻度，作為另一種獎金分配的計算基準，打破過去以預算制獎金為重的制度。

表面看來，這雖然是一套獎金制度，但卻也是一種面對事情的邏輯思維，所以在推動 P&L 新制這段過程中，不難看到許多主管心境與態度的轉折，從不自覺開始斤斤計較起一些小地方，一直到發現真正該注意的重點，發揮出 P&L 真正精神，大約有五個階段。

第一階段：懷疑

總覺得報表結算錯誤，明明感覺上不太可能虧損，或是不太可能獲利這麼少，或是不太可能虧損那麼多……當不再只以預算制為衡量基準時，似乎大家都覺得天平失衡了，總認為報表的攤提有問題，積極在報表中尋找可能算錯的地

方，比如說，是不是人力攤提有誤？是不是運費算太高了？
從過去只看營收的習慣，一下無法正視可能過高的開銷。

第二階段：爭論或爭取

當正視到開銷確實超過原有印象或感覺時，許多主管就
開始：

1. 在制度上爭論：比如說，產品經理的獎金比率是否可以
   高一些，業務少拿一些？分攤費用（如資訊管理、物流
   等）的計算方式可不可以重新調整，少算一點？

2. 在作業上爭取可能對自己有利的方式：所有產品、客
   戶或作業乾脆統統拿回來自己做，這樣就不用分給其
   他單位。

3. 在內部費用分攤上錙銖必較：比如說會計、資訊管理等
   原本不分部門的費用，應該怎麼分攤？是照人頭算？照
   營業額算？還是照獲利比率算？是各部門應該多負擔一
   點，還是公司要多負擔一點？又或者是面對利潤的時
   候，誰應該分多少？

第三階段：接受

執行一陣子之後，感覺好像如此斤斤計較似乎也沒多大效益，沒什麼大的突破與調整，只好勉為其難地接受，開始思考該如何面對與因應 P&L 制度。

第四階段：降低成本

這階段通常會先想到的方案就是降低成本（Cost Down 或 Cost Reduction）。於是從運費、交際費、人力、辦公室大小等各方面直接看得到的成本開始著手刪減，**努力執行一段時間後，發覺就算已經節衣縮食也省不了多少錢**、創造不了多少利潤空間。確實應該「當省則省」，只是若想僅靠降低成本就創造出令你滿意的利潤，幾乎是不可能的事情。這時，有許多主管才開始發覺前面在意的方向似乎偏了，**開源才是面對 P&L 制度的最佳因應之道。**

第五階段：開源，獲取更大效益

歷經前面四步曲之後，多數主管開始體悟到：**我應該用同樣的資源，設法去創造更多的生意，讓其帶來利潤的邊際效益達到最大。**當各單位主管開始轉變思維後，面對組織調整與發展反而產出更多健康、客觀的策略，人力也不再只考

慮縮編方向，也會朝擴編方向同步思考、評估。換言之，當
各主管的眼光不再只聚焦眼前利益，開始抬起頭面對更長遠
的 P&L 利益時，反而更看得到延伸出來的周邊效益。

② 面對 P&L 常見的迷思

實施 P&L 之後，我發覺大家在成本概念上都大有進步，決策時也都會再多想一下，例如：真的有需要再增加人力？哪些花費可能不那麼必要？間接費用（Overhead）還有節省的空間嗎？甚至對應收帳款的催收也更加積極，以避免無謂的利息支出……這種種好的作為，實在值得鼓勵。但是在另一方面，我同樣也注意到有些人在執行 P&L 制度時，又太過頭了，以致產生許多並不符合 P&L 精神的迷思，反而自我設限，最後影響到自己的績效，比如說：

一、費用上的迷思

1. 某位新竹地區的同仁急要回台北總公司拿一份資料，但是為了節省快遞的費用，最後決定派個業務跑一趟

台北。

2. 為了省下外包的費用，許多事務性的工作如包裝等都改由公司內部人力自行處理。

3. A 君和 B 君各自與客戶有約，因為客戶同在新竹科學園區，遂決定共乘以省下往返的交通費用。A 君會議結束後，B 君尚在會議當中，為此 A 君便在新竹多待了一個鐘頭，直至 B 君會議結束，兩人再共乘回台北。

　　以上三個例子，他們的做法真的發揮了經濟效益嗎？其實不然，雖然這些做法在帳面上不會產生一筆實際的費用，**但是他們卻都忽略了內部人力、時間上的成本，有時未必合算！**

　　快遞費或許 200 元，但來回新竹三個小時的時間，卻可以讓業務員拜訪一到兩個客戶，其價值絕對高過幾百塊。同樣地，A 君空等的一小時若能善加運用，或許又能簽回一筆訂單。諸如此類看似荒謬的事情，都是未能真正掌握到 P&L 精神所做出的偏差決策，忽略掉寶貴的人力與時間成本。

二、公關上的迷思

　　為了節省樣品費的支出，無論如何都要等拿到免費樣品

後，才提供給客戶，**雖然節省了開銷，卻可能因此耽誤了設計進去的時效，也耽誤了客戶的意願。**

將看似不那麼直接相關的交際費用全數刪除，事實上，這是殺雞取卵的做法，試想，為了成本考量你就斷絕與外界人情往來、所有交際的話，雖然短期好像 P&L 較好，但勢必會影響到未來的業績與長期綜效，所以適度的運用絕對是必要的。

三、內部經營上的迷思

業務和產品經理之間為了利潤分配爭來爭去，**過度計較的結果，往往會落得兩敗俱傷的處境，沒有好處。**更何況，互爭的結果，就算其中一方這次爭贏了又怎樣，也只有贏一次而已，因為下次對方絕對不會想再合作。所以業務和產品經理都應該將眼光放遠，從長期發展來看，不宜過度計較眼前的短利。

跨部門間有人員調動時，原部門單位主管會要求說：「既然這個人要到貴部門，那這個月的薪資，貴部門就應該幫我們吸收。」這話聽起來雖然有理，但太過堅持、計較的狀況下，新部門主管或許也會想：「你這麼計較，那以後有

些東西我就不再幫你賣。」所以說，在乎 P&L 並身體力行是好的，**但過度計較卻容易造成反效果，衍生許多負面影響。**

某些同仁對自己部門的事很積極，努力達成，但是一碰到需要跨部門支援時，可能會認為這些努力並不被計算在自己的績效表現內，所以相應不理。這樣就忽略了許多事往往是一體兩面、相對的，今天你不協助別人，他日別人也不會來幫助你。

公司舉辦一年一度的運動會，某位部門主管不知為何，一會兒決定不要高雄的同仁回台北參加運動會，一下又決定要他們回台北參加，或許是 P&L 的關係讓主管猶豫不決，一想到住宿、交通等費用，就不知是否該請高雄同仁到台北。

殊不知，**積極參與公司活動其實也是內部經營的一環，**藉此機會可以拉近不同部門同事之間的距離，未來若有任何需求，對方也會因為在這些活動中建立的情誼，樂於支援，讓你的團隊在公司內的後援人脈更強。

雖然，支援其他部門、積極參與公司活動的延伸利益並不一定會馬上顯現，但以整體發展來看，終究還是會對你產生幫助，因為你在日常社交的過程中，其實也是建立自己印象品牌與彼此信任度的最佳時機，一旦有需求，這些平日用

心的隱性價值就能發揮出「養兵千日,用在一時」的效益。

四、組織布局上的迷思

某些部門因為過於在乎 P&L,導致對未來的發展布局裹足不前,**變得過度保守而不敢積極投資、布局未來,害怕投資後的效益無法馬上顯現**,讓自己部門的績效變差。事實不然,只採守成想法反而更容易因此錯失許多發展的機會。

主管必須切記:**無論怎麼困難都要設法將 10% 至 20% 的人力擠出來開創未來,專注於新市場開發**,隨時保持 10% 至 20% 未來可能具爆發潛力的培養型資源在手上,不能只有守成,**必須同時兼顧「守成」和「經營新市場或產品的開拓」**,不可偏廢,如此才能持續成長不墜。畢竟該投資的還是要投資,若是為了省下眼前小利,因而喪失未來更大、更久遠的利益,才真的是得不償失。

五、面對人力考量的迷思

1. 精簡人力?

有時若是人力編制過於精簡的話,將可能使部門無法持續開發新客戶,必須放棄某些區域市場的開拓,會讓某些產

品必須擱置，無法推廣。換言之，為了省一個人的薪水，雖然省下了眼前的 3 萬或 5 萬元，卻讓開創未來成長的動能不見了，沒有發展的潛能，等到中期、長期負面影響出現時，再來重新聘僱或訓練人員時，可能會因此付出更多成本代價，尤其是損失商機的成本。

2. 遇缺補人，應該補資深的人或資淺的人？

或許資淺的人會像一張白紙，比較好訓練，但也許薪資稍高、較有經驗或層次比較好的人員會更好，他們可能在工作線上已經被訓練過，可以在工作上帶來立即效益，或是帶來更多客戶，也許短時間貴一點，但長遠來看應該更有幫助。其實，以上兩個角度都沒有絕對的好與壞，差別在於你思考的出發點：

錯誤的思考角度：如果你的考量只著眼於薪資成本的話，或許成本愈低愈好，但對部門整體工作和發展卻未必是最好的。

正確的思考角度：從工作屬性評估需求人力。比如說，某些類似陌生開發的業務工作，每天要去工業區掃，資深的人大都拉不下身段，或許就比較不適合，**所以一定要從工作性質上來考量用人條件的標準設定，而非只從薪資成本考量。**

六、面對績效報表的迷思

如何在相同時間裡發揮最大效益，相信大家都很有心得，我想和各位分享的觀點是：為了報表好看，在時間上刻意延遲的做法絕非明智之舉，它將會衍生更大的雪球效應。就我觀察，一般人可能會想採取的做法大概有五種：

1. 為了讓報表好看，故意將呆料、呆帳等隱藏起來，暫時不提列。**這樣的做法只是暫時讓報表好看而已，終究還是會曝光**，無法隱藏，到時還會衍生出利息損失、庫存損失，甚至像滾雪球般損失的金額，情況會愈來愈糟，終至無法處理。

2. 為了讓報表好看，刻意隱瞞實情，調整跨季或跨月時營收數的高低。

   不論是調高數量，貨還沒賣卻先報賣了，之後再做退貨授權（Return Material Authorization, RMA）處理；或是調低損失數量，貨已經賣了卻低報損失，採事後折讓方式遞延到下個月或下季報表，**這兩種處理方式不僅是欺騙的行為，也藏不久**，因為應收帳款會對不起來，後續還會衍生出許多不必要的問題。

3. 為了讓報表好看，將這個月應該處理的庫存往後挪到下

個月，甚至晚點再清。

結果面對的情況是愈來愈糟，根本無好轉的機會，**因為愈晚處理，你面臨的利息損失、跌價損失等就更大**，甚至真的變成無法翻身的死貨。

4. 為了讓報表好看，刻意等到平均單價較好看時再處理。

預知供應商可能會將原本 5 元的商品調降為 3 元，為了讓報表更好看，便將原有貨品壓著，等待新單價到來後再透過平均單價法讓報表好看，避免在報表上出現一正一負的數字顯示。

但是從獲利的角度來看，全年銷貨總額若是一樣的話，透過平均單價做法的差別只是先後數字分配的不同，整體利潤還是一樣，不可能因而變多，**反之，及早處理還能避免利息損失，更節省費用，還能避免等待期間所面臨的高風險**，避免萬一有所變化，將虧更多。

5. 為了讓報表好看，守住比較高的產品單價，不惜慢慢賣。

因在意價格而惜售，往往選擇需求較少量但願意出高單價的客戶，慢慢銷售，表面上會讓損失看起來較小，但實際上卻少賺很多，**因為往往會錯失獲得更多利益的機會，以致無法產生更大的效益。**

綜合上述情況，正確的思維應該是：如果有機會遇到有需求且量大的客戶，**應該盡快以時價出清庫存，再跟供應商重新談一個有競爭力的價錢**，大量買進，再大量、快速地以時價賣出，這樣才能賺取更多利潤。

基本上，產品都有一定的生命週期，一旦市場時價開始往下走時，一般都很難再漲回來，與其慢慢等願意出較高價的客戶，**不如順應市場趨勢，配合時價的操作，採「快進快出」的積極做法**，整體效益和獲利都會比慢慢找、慢慢賣來得更高，既足以彌補之前虧本拋售的損失而有餘，也可避免庫存的壓力及市場上跌價損失的不確定風險。

想透過「延遲」這種做法讓報表或績效翻牌的機率幾乎是零，而且還必須面對許多不可知的市場風險，所以我個人的做法，都是做最壞的打算來面對有可能的風險，絕對不會等到最後已經成為死貨無法翻身時，才來尋求解決方案。

提醒大家，只要一發覺有狀況，就應該盡早提列或採取反應措施，絕不能任由鴕鳥心態作祟，採取隱瞞或延遲處理的做法，以免雪上加霜，不但無法隱藏事實，還會延誤處理問題的最佳時機。

3 掌握 P&L 精髓的正確思維

那麼，究竟該如何面對 P&L 才能讓它產生槓桿，發揮最大綜效？正確思維的建立是不可或缺的首要關鍵。

思維一：
「開源」比「節流」重要

從企業追求成長、獲利的角度來看，**節流當然重要，但是開源絕對更重要**。雖然，我們必須具備成本概念，當省則省，但是一旦執行太過頭，只想透過節省來取得高成長空間，初期可能會有不錯的效益，但是長期來看則會有其極限。更重要的是：千萬不能讓自己因為省錢、斤斤計較而變得眼光短淺。

我們應該用正面而積極的開源性思考去看待 P&L。比如說，覺得管銷費用太高、人員似乎過多時，應該思考的是如何讓這些人力資源發揮最大的效益：「是否可以找到比較好的客戶或產品來賣？」或是「調整組織，思索圈外更多可拓展的商機。」而不是先砍掉再說，以各種過度的緊縮政策來因應，其中又以裁員方式最不可取。裁員會造成團隊士氣低落、人心惶惶等許多隱性成本的損失。

對於尚未聘僱進來的人員，你可以再仔細考慮是否真的需要聘僱，但是，一旦進來公司後，主管思考的重點應該是如何善用這名生力軍，有沒有什麼地方是他可以去支援、開拓的市場，盡可能用正面而積極的開源性思考去面對問題。

思維二：
積極爭取圈外獲利機會，
勿在圈內斤斤計較

P&L 實施後，開始有人在內部有限的資源去計較，比如說對費用分攤錙銖必較，其實這些蠅頭小利根本無法為公司創造利潤，所以，只要大約合理就好，不要過度計較。**反倒是應該將目光放到圈外，將競爭力與企圖心的矛頭一致對外，到圈外去尋找商機**，或者是積極向供應商爭取更好的條

件，開闢財源，才能帶來更大的獲益。

思維三：
評估 P&L，既要會加減，也要會乘除

身為管理者，面對任何問題都必須要有縱觀全局的觀念，P&L 的精神也在於此，希望透過 P&L 制度的設計讓管理者更清楚：

1. **做生意不能只談業務，卻未考慮到成本問題。**

因為每省一塊錢，會 100% 反應在利潤上，相對地，每增加一塊錢的業績，可能只有 10% 直接反應在利潤上（必須扣除薪資、設備、後勤、租金、運輸、交際費等其他開銷後，才能反映出利潤狀況），所以不能只看到「加減」（直接因素，即業績帶來的利潤），卻未考慮到「乘除」（間接因素，即節省成本也能增加利潤）。

2. **省費用不能只看實際發生的數字，卻未考慮到其他隱性成本。**

所謂「真實成本」（Real Cost）還包括了人力、效率、時間等非直接顯現或隱性的成本，這些都必須全盤考量在

內。換言之，評估效益時，除了考量加減（直接成本）之外，還必須再進一步考量乘除（問題背後是否還隱藏一些看不見的間接成本，或有可能衍生的損益得失，例如短期、中期、長期效益的比較，或是各種有形、無形，甚至周邊的影響效益、風險評估）。

切記，我們必須對負責事務具備更多知識，才能在上位綜觀全局，**也才能用「加減乘除」通盤思維看清事情真相**，做出正確的決策，不致因小失大。

思維四：
善用周邊資源，創造最大的邊際效益

在面對 P&L 時，我們如果可以從經濟學的角度出發，更積極地去思考，講求每一筆花費所能產生的「邊際效益」，則其所產生的綜效往往會超過你的預期，而且它有形、無形的收益，絕非是一味地節省所可比擬。以下便以開會為例，分享一些思維及做法。

狀況1：到外地開會

當你接到通知必須到外地開會，無論是為了參加教育訓練、預測檢討會（Forecast Review），或是跟某位廠商開

會等，可以多想一下：看看周邊還有哪些事情可以順道一併處理，透過事前的規劃安排，讓這趟出差不是只有開會一件事，才不會浪費這一趟的花費。

主管應該積極思考如何創造外地回來開會同仁的邊際效益，而不是只著眼於費用。以前面提到的運動會例子來看，如果主管可以趁機利用這次一年一度的運動會，要高雄同仁提前一天上台北，安排相關拜會、和產品經理互動會議、研討、業務交流等活動，並藉此透過難得的輕鬆機會和高雄同仁聚餐，不僅可以增加溝通交流的機會，也可藉此凝聚部門同仁的士氣，讓團隊競爭力更強，豈不是可以一舉數得？那這趟回來開會的費用也花得值得。

主管應該負起幫外地同仁安排回來開會期間行程的責任，比如說回來一票人，有些人參加 A 會議，有些人參加 B 會議，還有些人懸在那邊沒事做，主管就應該幫他們做妥善的安排，以發揮最大的邊際效益。

狀況 2：拜訪供應商

過去我陪客戶到國外拜訪供應商時，每次出發前，我都會先跟當地供應商聯絡，告訴對方我需要的樣品，陪客戶把事情談定之後，我也會繼續多留個半天或一天，不一定要和

客戶一道回來，可以更進一步：

1. **順道拜訪其他相關的單位**：與供應商其他部門或關鍵人物（Keyman）討論其他可能與公司相關的產品價格、技術支援、交貨（Delivery）等問題。

2. **當面跟他們索取免費的樣品**：有些樣品的價格可能高達1萬元、2萬元，拿到免費樣品，等於這趟機票錢都回來了。

3. **搜集相關情報**：就算你只得到一些情報，回來後還是可以根據這些情報做一些決策，看是要趕快買貨，還是要趕快清庫存。這些都是多動一下腦筋，就可以發揮最大邊際效益的槓桿方法。

狀況3：拜會客戶

當我們有機會去拜會客戶的時候，切記：客戶的公司通常不會只有一個部門。今天你可能是為了解決某個問題找客戶A部門處理，但是事情辦完後，你應該要順道造訪B、C、D部門，看是否有其他銷售的機會，就算沒有其他的銷售機會，也可以藉此多蒐集相關的市場情報，提升成本效率。

狀況 4：產品經理進行區域性客戶拜會活動

當產品經理受邀去拜訪區域性客戶時，也不要只拜訪一家客戶就打道回府，既然已經去了，大可多待一、兩天：

1. 將該區域其他相關的客戶全部拜訪一次，了解他們的需求與當地市場的走向。

2. 直接就在當地舉辦教育訓練，因為時間既然已經騰出來了，費用也花了，何不讓它發揮最大的邊際效益？

其實，只要事前略加規劃，時間緊湊地去安排、多造訪不同的對象，就會增加你更多生意或是解決問題的機會。換言之，既然已經花了時間、金錢，長途跋涉去處理某件事情時，就不要只陷在單一目的中，**應該用更積極的態度去開拓新機會，或是把能一併處理的事情整合起來一次處理，讓原本看起來是減項花錢的事件，透過事前安排也可創造出附加價值**，甚或預期之外的收穫。

4 P&L 的靈活應用

　　無可諱言，**P&L 不只是獎金制度，更重要的是其背後所反映的精神思維**，是管理者必須時時關注的課題，如此，才能將P&L 的綜效發揮到最大值。所以說，各部門主管都應該試著從各種角度可能衍生的成本效益，來檢討自己內部的相關作業與決策，甚至將日常的作業流程放到 P&L 天平上重新思考，從人力與效率上深入檢視的話，相信可以找到更多還能突破與創新的空間，比如說：

- 「部門同仁間的工作內容是否有許多地方重工？」

- 「不必要的行政作業、紙本作業（Paperwork）是否太多？」

- 「不同屬性的會議應該有多少人參加？哪些人參加才合理？」

- 「會議是不是過多？彼此間的功能是否有所重疊？」

- 「會議是不是缺乏主題，以致時間無法掌控，過於冗長？」

- 「是否在不必要的議題上花太多時間討論，導致重要的事情反而沒能好好處理？」

- 「會議議程中間空檔是否有善加利用？」

- 「是否有些工作的流程太過複雜？」

除了以上種種，事實上，還有很多工作環節，我們都可運用 P&L 的精神積極、正面思量，找出更有效率的作業方式，也就是說，P&L 是「加減乘除」都必須靈活運用的應用題，而不是單純只有減法的計算題。

小結

經由上面的解析，應該可以更了解用 P&L 作為 KPI 時，同時必須教育員工有正確的觀念，**不可以只追求短期損益，過度本位主義，只顧自己部門的損益，或只在意表面的數字，而忽略了其他的各種效應**，再綜合一下要點提醒大家：

1. P&L 並非公司唯一的獎勵方案，還有預算獎金、創新高

獎金等，大家切勿在 P&L 的分配與計算上過度計較。

2. 不要只考慮短期的損益而不敢投資，眼光要長遠，該投資就要投資，記住「開源」比「節流」重要。

3. 大家不要在內部獎金的分配與費用的負擔上斤斤計較，因為這些節省有限，而是應該槍口一致對外，朝圈外尋找新商機或跟供應商爭取更好的條件。

4. 當你因為一件事情需要到外地處理時，千萬不要只單純處理這件事情，應該將可以順道處理的事務一起處理。

5. 無論是什麼目的出公差到外地，應該思考如何創造此趟公差的邊際效益，如此來往的花費才值得。

6. P&L 的觀念不只考量實際上的花費，所謂「真實成本」還應該包括時間、人力、效率等無形或非直接成本，必須全盤考量。

　　P&L 是「加減乘除」的綜合應用題，如何透過合理的作業流程，創造最大的邊際效益，面對事情可以加減乘除做出正確決策，這是每一個人都應該積極學習的作業。

第五章
創新：商品、服務、行銷、通路

隨著時代環境變遷，商業競爭情況愈演愈烈，如果維持一成不變的模式，恐失去競爭力，因此大家都希望透過創新，脫離紅海，贏得市場。

我因緣際會在創業過程中體會到「多一小步服務」的重要，將它視為公司的核心價值，鼓勵同仁力行多一小步服務，提升服務力，讓公司可以從 A 到 A+。

「多一小步服務」正是創新的重要關鍵，特別是站在客戶立場，找出客戶的痛點，主動滿足，或者是換個角度看商品、利用共享經濟概念互利。這樣的「多一小步」就可以激發出很多創新模式，促成公司與品牌在市場中的差異化價值。

① 多一小步
創新服務模式：
加值服務，延伸商機

案例一：大飯店加值服務

南部某一家知名大飯店曾經邀我分享多一小步創新服務的主題，一年後為了對幹部再進一步培訓，企圖產生一些多一小步服務的標準作業流程（下稱 SOP），我再度到該飯店，他們的確很用心地在改變服務。比方說針對高爾夫球的愛好者，房間裡擺了推桿練習器材；晚宴的菜單及出菜的介紹也特別講究，讓消費者清楚知道每一道菜的相關知識，吃起來特別有感覺，也可以將整本精緻的菜單帶回去當紀念品。

我入住客房時卻發現 iPad／iPhone 要充電很不方便，床邊的桌子上沒有插座，插座都在牆腳。舊的裝潢要再重拉

插座，的確要花工夫及金錢，後來我送他們一個三十分鐘快充、一對六的充電座，並告訴他們如果客人用了很滿意，商家還願意提供 30% 的導購佣金，真是一舉兩得。

再往下想，其實床、床單、枕頭、洗髮精、沐浴乳、小點心、茶包……舉凡看得到、吃得到、摸得到、用得到的東西，都可藉由提升品質，比如使用有機棉或天然製品，來提高客戶滿意度，既幫商家推廣優良產品，自己也增加了導流費，住宿房間就多了一個展示的功能，可以三贏。

案例二：旅遊團體照加值服務

有一家旅遊業者找我幫忙培訓多一小步創新服務，培訓中他們的同仁都非常積極地討論如何利用多一小步創新的概念延伸與顧客的連結。目前看到的現象是客人基於隱私，大都不樂意加入 Line 群組，以致旅遊後再追蹤及聯繫有困難，而且導遊帶團至海外後，基本上工作是交由地陪來處理，其實時間很空閒，但又省不了導遊的人力，甚為困擾。

後來一位同仁說，旅遊時大多數人花很多時間在拍團體照，因為通常要用好多台相機、手機拍，還要擺好幾次姿勢，事後又要費很多時間分享相片給相關的人，實在很浪費大家旅遊的寶貴時間。

經過導引討論，找出了一個可行的雙贏模式，就是由公司先投資購買最新的 iPhone 機型送給導遊，並請專業攝影師幫導遊訓練如何取景及修圖等技巧，由導遊統一用他的最新型 iPhone 幫忙拍團體照，並請客人加入 Line 群組，自行下載分享於群組內已修過圖的團體照。由於要取得團體照照片，客人自然很樂意加入 Line 群組，因此取得了聯繫資料，並加強了互動的效果，也簡化了旅遊途中基本通知或細節變化的作業，客戶滿意度增加了很多。

因為客戶滿意度增加，而且經常有互動，爾後有新的好行程推出，客戶也多少會捧場。同時又增加了代購的服務，客人有需求就由下一團的導遊帶回來，取得的佣金再依適當比率分潤，透過出團數的增加，以及代購業務的分潤，老闆也很快就賺回買 iPhone 給導遊的先期投資，導遊則免費擁有最新型 iPhone，又有代購業務的分潤外快，於是更加勤快地服務客人。

案例三：旅遊紀念加值服務

延伸上例幫忙旅遊客人拍團體照的概念，在旅遊特殊景點或郵輪行程，常看到幫旅客拍照，之後放大再賣相片給旅客的服務。由於景點特殊或拍攝不易，確實有其賣點，額外

收益不錯。

在一次地中海郵輪旅遊中，看到一個多一小步的創新服務——讓夫妻檔在合照之外，也拍下各自的單人照，利用軟體加以修圖美化，再加上雜誌封面的設計，放大後擺在桌上，真像是上了雜誌採訪一樣，非常有吸引力。一張照片賣19歐元，旅客買的比率很高，利潤相當可觀。

如果利用這個雜誌封面的概念，其實也可以設一個中央廚房，利用業餘攝影愛好者，以他們專業的攝影器材及技術幫旅客拍照，同時送回中央廚房修圖美化，編輯完成後再傳送給導遊，導遊可以用 iPad 或手機向旅客展示，旅客選中後再印出加上旅遊當地特色的紀念框賣出，所得利潤再適當分配給導遊及業餘攝影者。

案例四：超商愛心傘加值服務

有一家超商業者曾邀請我幫忙培訓多一小步創新服務，其實他們在創新方面已經做得很好，很多新創意都獲得好評，有些部分也超越了對手。

培訓中討論到如何讓客戶感覺「揪感心」，其中討論到客人下雨天沒帶傘，想買傘又覺得有點多餘及浪費，因為家

裡已經有好幾把，如果可以免費借用，的確可能因為這個免費「愛心傘」增加「揪感心」的感覺。

但一想到這樣的免費借傘服務會增加公司的費用就卻步了，後來經過我導引，發現其實是有解方的。假設一把簡易傘的成本是 30 元，借出一百把雨傘，應該有七十個人會拿回來還，假設其中有一半（三十五人）在還傘的同時順便進去買 100 元的商品，毛利有 35%，這些額外的利潤也足以抵消三十把沒還回來傘的成本。再仔細想，這些傘都具廣告功能，廠商可能樂於免費提供，甚至還可以收取廣告費。

缺點是有可能讓原本的雨傘生意受影響，以及占用空間及作業時間，需再仔細評估其利弊得失。

以上四個案例都站在客戶立場，解決客戶的不便及痛點，都稱得上創新模式。他們都應用了下列幾個創新元素：

1. 多一小步服務；
2. 解決客戶痛點或滿足額外需求；
3. Uber 共享分潤概念；
4. 現代科技技術；
5. 羊毛出在牛身上。

下面章節將詳細解析這些創新模式的元素。

② 多一小步創新元素解析：解決痛點，創造多贏

一、用多一小步服務
　　解決客戶痛點或滿足額外需求

上一篇的四個案例中，業者都運用「多一小步服務」，解決客戶痛點或滿足額外需求。

案例1：大飯店加值不加價

站在住房旅客立場，提供更方便、更快速的充電服務，又進一步提供有機、無化學添加物的用品給旅客，解決商家及客戶商品體驗的問題，是加值不加價的多一小步服務。

案例2：幫拍旅遊照，方便省時

看到旅客拍團體照的不便，主動用更佳手機幫客人拍

照，幫旅客省下很多時間，又取得有品質的團體照，事後還提供代購服務，解決旅客購買不足的遺憾。

案例3：旅遊照加值服務

提供經過修圖美化的優質相片，加上雜誌封面及特色紀念框，更增加了旅遊的紀念價值，同時也提供業餘攝影愛好者額外價值及收入。

案例4：超商愛心傘，一舉兩得

有些人外出沒帶傘碰到下雨，又不想增購雨傘，提供這些過路客到處可還傘的方便性，也讓贊助愛心傘的廠商多了曝光效益。

二、利用 Uber 共享分潤概念

案例1：大飯店平台兼展示平台

大飯店的住宿人數眾多，本身就是一個有流量的平台，但很多優質產品卻苦於沒有讓客戶體驗的機會，好產品無法讓客戶得知。雙方如果可以合作，由優質廠商提供更好的床單、棉被、洗髮精、沐浴乳、充電器、巧克力、小點心等商品，以特別優惠價給飯店，並提供導流費給飯店，飯店則

提供說明，讓住宿客人知道產品的特色，如此一來，飯店就不只是住宿的功能，也是寢具、日用品、小點心等產品的展示間，又多了一份導流費收入，住宿客人也得到更優質的服務，達到三贏。

有個先決條件是，多一小步是為了提升服務品質，不可以為了賺取導流費而引進劣質商品。引進前要徹底謹慎評估，也不可以過度促銷讓客戶產生不佳反應，這樣才不會本末倒置。

案例2：旅行團提供代銷、代購服務

旅行團也是有流量的平台，本來的業務只是負責出團，如果利用 Uber 共享的概念，將本身平台與國內外商家共享，就可以選擇國內適當優質商品，出國時由商家提供樣品，帶出國去當點心或小禮品，達到間接促銷的目的。同時導遊可以與當地知名商家合作，提供幫客人代購的服務，不僅提供了多一小步的服務，又多了一份代銷或代購的服務費收入。

案例3：業餘攝影師共享概念

業餘攝影師擁有優質攝影器材及技術，也有空閒時間去

攝影，但有時缺乏題材，更沒有額外收入。旅遊團本身有攝影紀念的需求，也有固定的流量，如果有一個整合者居中，提供修飾軟體的中央廚房服務及分潤機制，整個串起來，就是 Uber 共享分潤的商業模式。

案例 4：超商服務平台 Uber 化共享

超商本身是流量很大的平台，分布的密集度很高。客人下雨天有雨傘的需求，廠商也需要有載具打廣告，兩者如果可以合作，提供免費傘解決客人痛點又滿足其額外需求，廠商也得到廣告的效益，同時廠商及超商都獲得「揪感心」的口碑，是十足的三贏模式。

三、利用現代科技技術

過去雖然也有共享的概念，但資訊不發達，要將幾個相關個體串接起來不是很容易。現在資訊發達，訊息透明，傳遞速度很快，人人手上都有手機，提供了很好的共享環境，如能善用，可以發展出很多創新的生意模式。以上四個案例都利用了現代科技技術，例如手機、Line、Facebook、QR code、4G 或 5 G 通訊傳輸速度……才可達成。

四、羊毛出在牛身上

滿足客戶需求、解決客戶痛點，就是創新。從以上解析可以綜合一下多一小步創新服務模式，**就是從了解客戶的需求、痛點著手，利用多一小步服務的思維，滿足客戶的需求或解決客戶的痛點，服務流程依照「羊毛出在牛身上，豬付錢」的概念**，不直接跟客戶收取費用，而間接從導流、代購、廣告、增加商流、加值商品、加值服務……來增加收入，並將所得利潤合理地分潤給共享平台的業者。

圖1　創新元素及創新模式說明

以眾多案例闡述，以「多一小步」思維解決顧客痛點，加上現代工具及「羊毛出在牛身上」的元素構成創新商業模式。

3 體驗式行銷及 非典型通路： 被動轉主動，翻轉命運

案例一：健康食品業

　　南部有兩位新創企業在生產健康相關的食品，他們的食品是以純天然的食材、無化學添加物的製程所做，經過第三方公證機構驗證，其中的成分確實很不錯，也有很多文獻佐證其成分對人體的功效，加上我個人親身體驗及檢驗結果都證實效果很好。

　　但由於是新創企業，一則無力負擔龐大的行銷費用，二則即使要廣告宣傳，在通過「健字號」之前，也不能宣稱療效，就算最後可以宣稱療效，仍然要通過消費者體驗的過程。由於這種種限制，以致雖然有很好的產品，但仍面臨寸步難行的困境。

他們曾經想提供大量的試吃品讓客戶試吃，但一方面覺得試吃費用太高，另一方面，也不一定找得到適合的目標客戶來試吃，導致業績難以推進。

案例二：糕餅業

另一家糕餅類的新創企業已經創業三年，我吃過他們的商品，風味頗有特色。他們已有工廠、店面，也有基本營收，算是小有基礎，最近兩年只能接近損益兩平。雖然業績有成長，規模產能也加大，公司成員也增多，但卻發覺比第一年小規模經營還賺得少，而且似乎無法降低開銷。平日的產能及人力都有剩餘，但逢年過節時人力卻不夠用，甚為困擾。

案例三：健康商品業

還有一位生產功能鞋墊的新創企業，他們對人體足部的研究很透徹，公司裡備有多種儀器可以測試消費者足部的狀況，再根據消費者的狀況建議客製化鞋墊。這家公司已小有基礎，開了很多分店，也接了一些委託代工生產（OEM）的訂單，但面臨房租漲價、開銷無法降低、單店營收難以成長

的情形，曾經與一、兩家品牌鞋子專賣店合作過，但因一般店員不熟悉其產品，不夠專業去引導客人購買，因此並不積極拓展與品牌鞋子專賣店的合作。

案例四：燈飾業

有一位燈飾業者經營了二十幾年，已經很有成就，自家擁有好幾台物流配送車，算是中部小有規模的公司。然而下游客戶受大型連鎖店的影響，原來的燈具生意有逐漸減少的跡象。為了增加營收，業者自己開了兩家燈飾直營店，但租金及費用頗高，直營店的生意也與原來的客戶有些衝突，頗為困擾。

案例五：酒類業

一位創業者在澳洲居住過一段時間，對澳洲紅酒有深度了解，因認識當地的酒莊，可以拿到 C／P 值（性價比）很高的紅、白酒，其中有些是低酒精濃度、適合女性飲用的白酒，口感的確很好，利潤空間也足夠，但卻苦於行銷管道狹窄，只能靠親戚朋友口碑相傳，銷售數量有限，未能擴大規模，覺得很可惜。

小結

　　以上五個案例，如果他們能徹底了解體驗式行銷的重要性，以及試吃的成本結構與成果，改變原來被動的銷售模式，轉為主動式行銷，並以 Uber 共享概念積極拓展非典型通路，就可能解決困境。

4 體驗式行銷及非典型通路解析：Uber 共享模式

很多業者非常用心研發、製造食品或用品，都具備相當的特色及差異性，但往往是孤芳自賞，無法廣為人知，又花不起昂貴的廣告費。即使花了廣告費，也不見得有很大的成效。因為他們忽略了一件事，如果消費者沒有真正體驗過這些優異的商品，是不會下手購買的。但要做體驗式行銷就牽涉到試吃或試用成本，以及管道的問題，以下就這兩個問題做些解析。

一、試吃試用的成本與成果比率分析

一般食品或用品，直接成本價大約落在售價的二至三成之間。假設一塊蛋糕的售價是 50 元，成本為 15 元。一盒十二塊蛋糕的售價為 600 元，如果賣掉一盒蛋糕的毛利為 420

元，可抵掉二十八個人每人試吃一塊蛋糕的成本。換句話說，如果有二十八個人在試吃一塊蛋糕之後，其中有一個人買了一盒，直接成本就回來了，廣告費一毛都沒花。

至於試吃的轉換效果是 28:1 或者會更多還是更少，就要看試吃者的屬性與商品的契合度，也要看是在什麼場合、氣氛下試吃。

二、效益有延伸性的商品需更大方送

以紅酒為例，一般市售 1000 元的紅酒，進口成本價可能在200 元左右。假設一瓶紅酒可供十人試喝，如果大方地一桌送一瓶紅酒試喝，四桌的賓客需要四瓶，共四十人試喝。如果其中有一位賓客購買一瓶或宴客主人加開一瓶，售價是 1000 元，扣掉成本 200 元，賺 800 元，就已經收回了四瓶試喝酒的成本。這 800 元的獲利可以供四十人試喝，如果可以再多賣一瓶，它的達交比例就超過 40:1，也就可以開始賺錢了。

如果你的紅酒口感好、C／P值高，往往試喝後就會有賓客買六瓶或十二瓶作為以後宴客用的酒，甚或定期購買，有延伸性的效益，即使一次送出四瓶也不會心疼。

　　健康食品更是延伸性高的商品，某些食療成分對身體有幫助，試吃一、兩週覺得有效果，便會長期食用，那麼試吃就不是一次性的分量，而是一、兩週的分量。

三、試吃試用成本是廣告費之一

　　一般業者寧可花大筆的廣告費，卻捨不得給客人試吃、試用一整塊的食品或用品（常見切成一小塊），就是因為他們不了解試吃成本應以直接成本計算，不是用售價計算，而且試吃成本的花費也是廣義的廣告費之一，更是最有效果的體驗式行銷廣告，愈大方就會有愈好的效益。

四、主動式行銷

　　有些業者單靠直營店行銷，往往不能接受 20% 至 40% 的導流費或上架費，寧可自己多開幾個直營店，其實直營店的成本也可能落在 20% 至 40% 之間。如果商品已經具備特色，也有量產能力，不妨增加主動行銷的業務員往外擴展，配合外面活動做體驗式行銷，以及找適當的典型或非典型通路擴展生意。

　　因為基本設備成本已經固定，占據了大部分固定成

本，表面上看起來增加業務員會增加開銷，但其實增加費用占比不會很高，如果沒有業務員往外拓展，就像少了火車頭，生意拓展有限。

五、Uber 共享的概念

Uber 共享的概念，是利用別人的平台與資源，或讓自己的平台與資源能被利用，**基本上每個公司都具備這兩個條件，可以利用別人的平台幫忙銷售自家商品，或利用自己的平台幫忙銷售別人的商品，互為利用、互相幫助，達成 Uber 共享的商業模式。**

運用 Uber 共享概念，計程車就不再只是載客的載具，計程車也是流動商店的體驗店及導流平台，飯店也不再只是扮演住宿用的客房功能，每個客房都是寢具、日用品的展示體驗店及導流平台，依此類推，會產生很多互蒙其利的商業模式。

六、見證人伴手禮

舉例來說，健康食品需要打入某些有效的族群，需要強而有力的見證人幫忙推廣，而有些專家學者或保險人員，他

們熟知產品特色，也了解他們的聽眾或客戶的屬性及情況，他們去演講時或拜訪客戶時都需要伴手禮，如果商家願意提供免費的伴手禮給他們，他們在送給聽眾或客戶時就會幫忙說幾句好話。聽眾或客戶因為信任見證人而會產生購買行為，比商家自己推廣更有效。

當購買行為發生時，就將導遊費（介紹佣金）轉換成免費伴手禮，再送給專家學者或保險人員，讓他們時常有伴手禮可送，不知不覺地幫忙推廣，互蒙其利。

七、導流費 VS. 自營費用

前案中的鞋墊業者，我曾經建議他們與鞋子業者分攤房租費用，並派一位專業人員駐店，如果產生業績再分潤三成給鞋子業者。剛聽到我這個建議時，他非常不能接受，認為自己已經分攤了房租，又派專業人員駐店，為何做到的生意還要分潤給鞋子業者？

我分析給他聽：自己開直營店需要大約 72 萬元，分攤的房租 2 萬元，等於只是原本直營店三年的裝潢折舊費用，而且自己開店至少需要兩個人力，與別人搭配只要花一個人力的開銷。自己開直營店，品項太少，缺乏吸引人流的誘

因，與鞋子業者搭配，人流可擴增至好幾倍，付出的三成導流費，跟其他導流費或上架費是一樣的，而且有更直接的體驗，能增加成交機會。

經過分析他終於了解，有些費用需要經過加減乘除才會得到答案。

八、非典型通路

所謂的非典型通路就是異類結合，一般業者習慣將商品放在典型通路上販售，卻忽略了非典型通路的重要性，如果能善用非典型通路，推廣效益可能很可觀。

小結

了解這八項基本概念，**就可以積極思考如何拓展自己行業適合的非典型通路，每個行業因其特性會有不同的通路選項**。前例中的燈飾業者就可以找沙發量販業者當作合作夥伴，不用自己開太多分店，就可以充份展示燈飾美觀的效果。相對地也增添沙發的光彩，讓沙發看起來更漂亮，而沙發量販業者也可以增加導流費，創造三贏互利的模式。

　　健康食品就可利用壽險公司、銀行、證券商、專業講師、營養師、社團與團體、醫療相關養生所、運動族群、貴夫貴婦養生族群⋯⋯來當作非典型通路。非典型通路的範圍很廣，需經過詳細分析後再設定其優先順序及合作模式，逐一過濾、去蕪存菁後，就能留下最佳合作夥伴。

圖1　健康食品非典型通路示意圖

社團、團體
扶輪社
獅子會
協會、公會
福委會

伴手禮、送禮
壽險公司
銀行公司
證券公司
講師

醫療相關
健診中心
醫院、診所
醫藥通路
長照機構

健康食品
非典型創新通路
● 化被動為主動
● 靈活的方案搭配

養生族群
地瓜園
豆漿店
素食館
里仁、棉花田

養生所
養生所　瑜伽館
按摩院　SPA 館
芳香療館

貴夫、貴婦
高爾夫球場
紅酒館
雪茄館
名牌店

運動族群
健身館
運動中心
運動活動
（自行車、慢跑、登山）

5 商品：
換個角度，紅海變藍海

有些成分好、製造也不錯的商品，初期推廣速度很慢，但仔細觀察可以發現，其實只要稍微改變訴求，商品的重要性立刻提高，消費者更有感，本來不吃或不用它的消費者也來吃它、用它，藉此打開更大的市場。

案例一：甜食

食品領域的新創企業主來接受輔導時，不斷強調自家巧克力的獨特性與極富營養價值，就這兩個優點提出了預定的通路與未來發展計畫，期望得到通路、投資者的青睞。這樣的行銷方式，雖有小成，但是每年只有幾百萬的業績，難以擴張到規模經濟的產製程度，遇上成長瓶頸。

　　我認為，好不好吃是一種主觀感受，營養價值也不是一般的消費者能證實的，要深耕下去其實有限，往往淪為廣告用語，應該要找出產品獨特且能被證明的價值，才有機會在市場一枝獨秀。

　　為了確認這個巧克力的功能與優勢，我先做了健康檢查，而且吃它一段時間，再階段性做檢查，前後對比，健檢結果一次比一次更好，所以我強烈建議它改從特有成分、特殊功能去行銷，讓偶爾購買的顧客變成經常性購買的客戶。

案例二：米飯

　　另一家新創是台灣精緻農業的代表，產地知名，品質也高，他們從產品的包裝下工夫，思考圖樣客製化等策略，鎖定伴手禮市場，但一樣遇到量產的限制，且產品的成本一直無法下降。

　　事實上，台灣目前走文創包裝策略的產品四處可見，在小量、新穎的情境下確實有其效果，但長期經營到進入規模量產的需求時，客製化的文創有時反而成為營收成長的瓶頸，精緻化的高價值產品無法只從包裝的單一面向創造，仍需回歸產品本身的價值。

　　我到他們的田裡去看，看到一種特殊的黑米，可以申請品種專利，不但顏色特別，內含豐富的花青素，多吃也不會讓血糖升很快，所以建議創辦人跳脫「糧食」或「伴手禮」的框架，從保健角度去打造品牌精神，吸引有高血糖問題、不太能吃米飯的族群，變成他們的客人。

案例三：香水

　　還有一家做精品香水的新創企業，在香水本身加入天然中藥成分，而且裝在相當華麗的琉璃瓶，本來走高端市場滿順利，但是因為陸客減少等因素，來客大幅下降，需要尋求新的銷售通路。

　　這款特別的中藥香水，需要花資金與下工夫做行銷，否則一般消費者難以理解，加上市面上香水品牌競爭激烈，它的香味選擇又不多，因此我建議，既然香水瓶子這麼漂亮、如此有藝術感，不妨切出來單獨販售，這樣一來，競爭的香水品牌同業立刻變成可以合作的對象。市場主流的歐美香水品牌少有如此中國風的琉璃瓶身設計，產品有差異性，外銷應有吸引力，全球同業都是潛在客戶。

　　業者不需要苦思增加香水品項，只需要推廣香水瓶子，

行銷起來比「賣香水」容易得多。原本強調嗅覺的商品,變成訴求視覺的商品,開啟新的銷售通路。

上述例子說明,創業者時常出現的盲點,就是專注在面對市場上已存在的競爭者,卻忽略了產品本身所能表達的隱藏優勢,以致錯失良機。如果要避開高度競爭的紅海市場,進入藍海市場,就要懂得「創造需求」與「跨界」。

創造需求

所謂創造需求就是把本來可能不存在或可能潛在的需求,激發出來。

像黑米,它本來只是米的一種,用途常常僅限於作為點心、副食品或套餐配色,但黑米的澱粉消化速度較慢,不會造成血糖的劇烈變化,其實適合糖尿病患作為主食,用來控制血糖。

又如巧克力,平常也只是零食的一種,但可可脂當中的油酸可降低心臟病風險,只要強化它對心臟病的好處,再針對心臟病危險群進行推廣,就會創造新的市場需求。

這些食物本來只是民眾偶爾、不定期食用的東西,市場

占比可能只有幾萬分之一，但是一旦有特殊需求的族群將它們當成「必需品」每天吃，市場規模就相當可觀了。

當創業者知道這些社會趨勢與特定族群的需求，從善如流地改變商品調性，所能創造的附加價值是相當驚人的。

跨越邊界

創造需求有時就會帶來商品跨界的效益，像巧克力從零食轉化為保健商品，黑米從副食品轉化平日保健的主食，香水也從單純的化妝品轉為容器。

更有名的例子就是「星球爆米花」。趁爆米花零食在國內開始走紅之際，團隊持續研發、推出各國在地美食的創新口味，例如日本抹茶、韓國泡菜、馬來西亞椰漿吐司、新加坡叻沙，而且包裝升級、充滿時尚感，刺激消費者潛在需求，成功從日常零嘴躍為伴手禮、紀念品，脫離原本的紅海競爭，打造出新藍海。

來自台灣的「星球爆米花」征服了亞洲十餘國消費者的心，2017 年，一小桶在印尼百貨公司架上，售價 6 萬 7000 元印尼盾，折合新台幣 180 元，相當於當地人半日工資，成為爆米花界的金莎巧克力。

　　商品跨界之後，接下來是如何讓消費者、客戶也能感受它的益處。依法規，某商品或食品不能提療效，但是可以說明成分。因此，建議的做法就是把成分列舉出來，這些成分的功效、效果、益處，自然有可參考的文獻資料佐證，加上又有使用產品的見證者，讓行銷更具說服力。

小結

　　當新的市場需求產生，甚至產品得以跨界後，行銷方式與通路也可以隨之改變，例如配合檢驗與醫學報告提出具公信力的證明，或者通路由傳統市場通路轉為健康食品的通路，甚至醫療市場的通路等。

　　新創企業切入市場時，除了在已經成熟的市場中求創新之外，其實可以多思考產品本身的各種特質。很多時候，**換個角度看產品，就會找出「創造需求」與「跨越邊界」的可能性，迎向更大的市場商機。**

商業模式創新

同一種東西，也可以變出多種商業模式，讓利潤最大化。舉例說，某 3D 列印設備業者，一開始只賣機器與耗材，後來意外發現代客列印服務的商機，也開始賣服務，甚至因為列印出來的成品品質佳，又發展成直接按件計費，銷售列印成品。

3D 列印設備者，找出了代客列印服務、按件計酬的商機；某即食飯麵的販賣機業主，若不侷限賣自有品牌，躍為通路平台，也能販售多品牌麵食；創意設計達人，從短期客製化的訂單，不妨進一步爭取長期、可量產的產品⋯⋯。

案例一：3D 列印設備

上述這家 3D 列印設備的新創業者，曾向我抱怨，初期

為了推廣產品，把產品擺設在別人的地方，可惜當初合約沒談好，對方運用他們的設備做起 3D 列印服務生意，而且生意相當不錯，但這位新創業者完全分不到這些服務所得的利潤，覺得有點後悔。

我勸他，其實不用覺得可惜，「對方幫你做了市場測試，告訴你其實你的產品走服務的市場大有可為，現在你手上有產品，可服務的區域跟客戶也還有很多，何不就另外開闢服務的生意，不完全集中在商品的銷售，讓自己有多元的市場空間？」

這家新創業者很快啟動代客列印的服務，讓設計樣品的廠商也成為顧客，對方使用量大的時候，可能也會希望回頭採購設備自用，所以也是潛在的設備買家。如此交叉銷售，無形中鞏固顧客來源，也為營收帶來更多保障。

案例二：即食飯麵的販賣機

另一位新創業者開發了即食飯麵的販賣機，有多種強大的功能，提高了販賣的方便性。他覺得因為現代人的生活都很忙碌，而且工作時間不定，販賣機的市場大有可為，所以希望我能介紹代理商。

我向他分析，他的想法沒有錯，但市場的定位跟格局可以再討論看看。以一家新創公司的產量、產能、資源來說，大量的訂單吃不下，少量的訂單沒有競爭力，不如跟知名品牌合作，提供機器販賣知名品牌產品，把機器放在辦公大樓、人潮集中的地方，並且跟知名品牌一起開發不同口味的商品，讓消費者保持新鮮感，或許在發展初期會更有可為。當然，等發展穩定後，不排除再建立自己的商品品牌，並且推廣自己的機器品牌，販售自行開發的商品。

案例三：文創產業

另外有位走文創路線的新創業者，他的產品設計新穎，很受國外朋友歡迎，且定期跟各大展館合作，在各種短期展覽展出時，協助設計小商品販售。

其實，即便是代工設計生產（ODM），也不限於只能配合短期活動，更可以發展長賣型的商品，就不需一直重新設計。我看到這點，就建議他們除了被動地配合展覽檔期設計相關商品，也可以向這些已經有合作信賴關係的展館主動提案，設計具有展館代表性、長賣型的授權商品。

這樣一來，除了不需要不斷開發短期的商品，也與客戶建立起穩定的合約與銷售關係，更進一步來說，這樣的授權

更有機會發展出代表作，帶來更多商機。

案例解析

　　第一個案例的關鍵在「舉一反三」，除了從原本單純販賣產品、相關耗材以外，其實還可以有租賃機器，賺取租金、耗材、維修費用的方式，抑或是如上所述轉化為兼營服務的生意這三種模式。

　　不同的商業模式除了讓營收可以由單一產品單純的一次性收入，增加為可以有不一樣的持續性收入外，兼營服務生意的模式對於本來的產品銷售也有廣告推廣的效果，更進一步可以面對有使用需求的客戶，了解客戶的需求，不論未來做產品考量、顧客管理等都更有利基。

　　第二個案例強調「借力使力」，本來是單打獨鬥，變成整合行銷、借力使力，在有限的資源下掌握最大的營收可能，而且從本來不確定市場接受度的摸索，變成較可預測市場規模的評估，對於降低新創初期的風險有很大幫助。

　　第三個案例則是「化零為整」，把短期、需高度客製化、高成本的零星訂單，逐漸轉化為長期、穩定、可量產的生意。這些改變其實都還是在原有商品或服務的基礎上，但

因為做法不一樣，運作的商業模式不一樣，所產生的結果也就大不相同了。

另外在我輔導新創的過程中，**特別強調「化被動為主動」這一點，它對於極需要創造營收的新創很重要**。例如你研發的健康糕餅很好吃，門市也有一定的來客數，但是東西為什麼只放在店裡面賣，人坐在店裡等顧客上門呢？**應該要主動出擊，編制行銷人員，參加展覽市集、開發辦公室團購、發展電子商務或異業結盟等**，搭上別人已經建好的平台，借力使力把商品推廣到更大的市場。

商業模式的創新方向

通常在開發產品時，要去思考需要解決的問題或痛點，主要會發生在哪些人身上，包括他們的國籍、性別、年齡、收入等級、健康狀況等，並依此蒐集相關數據，先做初步的市場分類，了解市場可能的分布情況與規模大小後再投入開發，而後續的商業模式則可以有幾種思考方向：

1. **客層**：思考你的目標客層可能常出沒的地點、消費場合、消費時段等，可以到現場去觀察或找相關產業的朋友諮詢，了解目標客層可能的行為模式，比較容易

對症下藥。

2. **人脈、關係、通路**：比對自己的產品用途以及人脈，盤點可運用的通路，思考借力使力的可能性與切入市場的角度，初期若能與知名品牌合作會更有發展機會。

3. **競品**：觀察市場上類似的商品銷售狀況與販售模式，思考可能的行銷方式。

4. **整合**：產品或服務是否有機會複合式經營？例如多餘的場域空間可用來提供休憩、租賃、維修服務等，增加不同需求、不同時段的來客數。

5. **加值**：產品或服務是否可跨界，並且主動提供跨界的服務或功能，以創造不同的發展可能？

當然，在運用多元的商業模式前，仍然還是要評估自己所擁有的資源，**多元的業務發展不見得就是最好的方式**，有時因為資金、人力不夠，反而需要思考優先順序。多元也可能失焦，或踩到客戶的市場（反而成為競爭對手），這部分仍需要審慎評估、彈性應用，**例如先聚焦一些項目，未來再逐步擴增也行**。

商業模式百百種，絕對不是簡單的買賣關係所能囊括

的，不妨多思考幾種營運方式，盤點自己手上所能掌握的資源，評估多元商業模式的優先順序，就有機會找到最適合自己的商業模式。

結語
創業感悟與心法

① 創業人生十大體悟

在我的創業近四十年過程中，**體悟到一些道理，這些體悟影響了很多決策及制度**，諸如重要的購併決策、管理機制、公司文化、福利政策、人才培育的重視，甚至於身心平衡……下列十項是其中重要的體悟，分享出來提供讀者參考。

一、老二哲學：抬頭、職稱不重要

個人很幸運在創業過程中遇到一位心胸寬廣的吳姓創辦人，我跟他一起在摩托羅拉（Motorola）半導體代理商星強電子公司共事五年，後來他出來自行創業，半年後我去拜訪他，看看他發展得如何，他說進錯貨了，經營得不理想。因為他誤以為韓國三星 KSC945 電晶體規格與 NEC 2SC945 相

同，沒先試樣品就購買進口了，現在卡住了賣不出去。於是我介紹他代理 LED 產品，他就邀請我一起下來創業，他是開啟我創業人生的貴人。

原先吳姓創辦人自行創業是董事長兼總經理，他覺得我當時的英文能力比他好一點點，希望由我當老大，於是改由我太太掛董事長，他退居總經理，我則掛了董事經理（Manage Director）的抬頭。這個抬頭一直跟著我二十年，一直到公司要上市時，為了符合法定地位，被交易所要求改為由我擔任董事長。

二十年後（西元 2000 年）公司順利上市，三十年的合夥生意非常融洽，我跟吳姓創辦人的薪資、獎金、分紅、股票、股息……都一直維持一樣，讓我更加佩服吳姓創辦人的心胸及睿智，**為了公司的發展，他個人自願退居老二、邀請我加入陣容。**

由於這個重要「**老二哲學**」的體會，在2010 年與大聯大控股談合作時，我也自願退居老二當副董事長兼策略長，因為當時的大聯大團隊已經具備更強的經營能力，我退居當副手更恰當，**更方便大聯大未來的組織再造及長期發展。**

創業的目的當然是希望公司有發展、能賺錢，如果能讓

公司運作得更好、更有效率，誰當老大應該由能力及實際需要來決定，**老大與老二只是「抬頭名譽」上的不同而已**，沒有那麼重要，當老大反而責任更重大。

二、個人非萬能，都可被取代

我與吳姓創辦人是過去任職公司的主將，我們兩個相繼離職後，心中猜想，原任職公司的業務應該會一落千丈。離職三個月後打電話回去向舊公司同事打聽情況，沒想到他們的回答是公司業績還不錯。我有點失落感，但我不死心，過了半年再打聽一次，他們卻告訴我公司業績創新高了，當下內心深處真的很受傷，怎麼兩個主將離職卻沒影響到業績？

這個經驗讓我體會到「**個人非萬能，都可被取代**」，客戶和供應商會跟公司合作做生意是建立在多項基礎上，不是只有個人的功勞。

體會到「每個人都可以被取代」的道理，解除了購併時對人才會流失的擔憂，讓我更有信心地去談購併，我仍盡力留住優秀人才，但萬一有所流失也很快能補位上來。「**個人非萬能**」的感悟也影響後來交班給專業經理人的決心，交班初期可能會有些不如預期，但堅信經過一段學習時間後就能步入正軌了。

三、合夥相處之道

創業前曾經分別參加過兩個大學同學的合夥生意，看到他們時常爭執，賺錢的會吵，不賺錢的也吵，我都權充為調停者，但最後都拆夥了，覺得好可惜。從他們的合作及爭執過程中，我看到他們其實都是為了小事爭吵，說穿了只是彼此都沒站在對方立場思考而已。**我從中學到了合夥相處之道，體會到「相互尊重」的重要**，其實合夥生意並不是那麼難，**只要彼此能相互尊重，團結力量大**，絕對比單打獨鬥好。

同一件事情問兩、三個人通常得到的答案不會相同，因此如果我的合夥人已經做了決定，我就跟隨，即使那個決定跟我的想法不同。因為我覺得合夥人絕對是站在為公司好的立場思考，既然合夥人已經做了決定，我就不用再費腦筋想了，假如我提出異議也只是增加爭吵的機會而已。慶幸的是，我如果已經做了決定，我的合夥人也絕對二話不說地跟隨。

如果合夥人猶豫不決來問我的意見，我的意見就變成答案；如果我猶豫不決找合夥人討論，那合夥人的意見就變成答案。如果雙方都猶豫不決就擲銅板決定。另外，**在我權限範圍內可以直接做決定的事，我也盡可能先溝通一下**，或將

做好的檔案複印一份給合夥人參考，在決定宣布前也接受合夥人的修改意見。

由於這個「**相互尊重**」的觀念，讓我跟合夥人近三十年的合作非常融洽愉快。

四、永無止境的問題

公司發展過程中會碰到種種問題，解決了資金問題，緊接著有人才短缺的問題，資金、人才都解決了，可能碰到代理權、呆帳、呆料、退貨等問題，總夢想著增加幾個主管或過幾年更上軌道就可輕鬆了，但一直未如願。後來了解創業本來就會有「永無止境的問題」，只有離開工作崗位或結束營業才會終止。

有了「永無止境的問題」的認知，讓我打開了心胸，面對每天找我開會或等我裁決的事情。在進辦公室前，**都先假定今天要討論的事情有 95% 是壞消息，勉強有 5% 的好消息，好消息中又夾帶著壞消息**，例如拿到了大訂單，高興五分鐘後又開始煩惱資金、備料、放帳⋯⋯。我也會先假定等我開會或等我裁決的主管都是掛急診的，**把自己提高至醫生的高度，顯得自己有存在價值，也就更有耐性處理事情。**

　　了解問題是永無止境的之後，我也跟一起參與創業的太太約束在家不談公事，免得把情緒帶回家，或造成一件事兩個人同時煩惱。在家就盡量放鬆，**反正永遠也解決不了所有問題，明天還會有明天的問題，明天再努力解決就是了。**

五、分層負責

　　公司員工從六個人發展到二十個人，我覺得事情很多、很煩雜，看朋友負責兩百人的公司好像比我輕鬆，就去請教有什麼訣竅；到了自己的公司發展到兩百人時，又去請教朋友負責一千人公司的訣竅；到了自己的公司超過一千人，我終於體會到，不管公司多少人，經常接觸的主管都是二十人，不同的是從二十個副理變二十個副總經理，或二十個事業部總經理，或二十個子公司負責人。

　　它就是金字塔的概念，第一層主管負責二十個人，往下一層就是四百人，再一層就是八千人了。**只要每一層的主管精挑細選，都能擔當大任，管理再大的公司也不是難事。**

　　了解每一層主管的重要性，我在經營公司時對選才、育才、留才特別注重，花很多時間親自面談及心談重要主管，請顧問公司培訓員工，花時間整理教材，培養出一群菁英幹

部，讓公司得以順利發展。

六、三七分潤原則

台灣話的「三七」是指仲介抽佣金者，**個人覺得三七分潤原則非常符合人性，尤其是資方跟勞方的分潤，出資者拿七成，經營團隊拿三成，彼此都會覺得合理。**

表面上被經營團隊拿走三成利潤，資方利潤剩下只有七成，好像有些吃虧，但如果因為有三成分潤，讓經營團隊更穩定、更賣力，創造的利潤可能是原先計畫的 130% 到 150%，**其實經營團隊只是拿走多創造出來的利潤。** 反過來如果沒有分潤的激勵措施，大家都不努力經營，利潤達成率可能只有原先計畫的七、八成，那資方的利潤就更少了。

再者，出資者的利潤會來自很多部門或很多子公司、投資公司的貢獻，**每一個部門或個體貢獻 70%，有五個部門或事業體，就會造就利潤 350% 的最大贏家。**

因為了解「三七分潤原則」，對於激勵措施的規劃就會比較大方及多元，於是友尚公司設置員工入股、員工分紅、乾股、季獎金、成長獎金等激勵措施，搭配各項 KPI 營造雙贏的局面。

七、心想事成的祕密

我有個朋友喜歡玩石頭，喜歡研究磁場，他說據他觀察，我有「與生俱來」的心想事成超能力，每次想做的事情或想找的人最後都會成行，他說我的腦波會發射出去跟別人藕合。我告訴他那太玄了，我比較不相信這個說法，但我相信如果願意把自己正在做或想做的事情分享出去，透過朋友或朋友的朋友可能會帶來一些回饋意見或推薦，最後就能得到你想得到的資源。

有了這個認知之後，我喜歡分享我正在做或想做的事情，甚至自己的身體病痛，或自己面臨的煩惱，往往在一陣子後就得到了幫忙，所以心想事成的祕密其實就是「**走出去，講出來**」（Go Out & Speak Out），這個觀念讓我的心胸更開放，經營事業與生活更順心如意。

八、貴人相助

我是白手起家，創業時丈母娘拿房子去抵押貸款 90 萬元給我當股本，也不知道我要經營什麼事業，會不會成功更是未知數，風險非常非常高，我太太跟我丈母娘算是我的創業第一、二個貴人。

創業六個月後，銀行要求要先還出 90 萬元，證明有還款能力，一週後再重新核準貸款，但我的資金多半已卡在存貨，手中僅有一些客戶開給我的支票，實在沒有能力還清 90 萬元。幸好一位商界朋友支援，渡過難關，這位貴人是我以前公司的客戶，因為缺貨被催貨，我極力調貨，獲得他的賞識成為朋友，最後變成幫我渡過創業難關的貴人。

還有一位當兵的朋友，在我創業初期尚無進口執照時，幫我開信用狀跟國外廠商進貨。另有一些親戚朋友三不五時地調借資金，我在創業過程中得到很多貴人相助。

這些過程讓我體會到貴人的重要，**也了解到貴人無所不在，往往藏在過去無意中培養出來的朋友之中，讓我更加覺得真誠待人的重要，開啟了不預設立場參加活動的大門**，認真誠懇地結交朋友，更養成樂於分享的熱情及助人的習慣。

九、歡心多一小步服務，從 A 到 A+

我經營的行業是電子零件通路商，**是標準「夾心餅乾的服務業」**，夾在上游供應商及下游客戶之間，兩端都是很強大的企業，我們沒有太多發言權，必須忍受很多不合理的要求及委屈，**又號稱「高跪行業」、「兩邊都要叫阿公」**

的行業。

　　我一直思索如何才可以讓員工不要把委屈受的氣帶回家，在一次慈濟靜思營活動中看到志工們都很開心快樂，做得非常完美，體會到他們之所以帶著笑容無償地付出，是因為每個人都帶著「**歡心**」在做事，背後又因為每天早課中志工們分享的故事，讓大家互相學習、感染而同心，形成一種氛圍。

　　於是我學習他們利用分享來感染同仁，自然形成快樂氛圍的方法，連續六年舉辦「**六心服務滿意獎**」活動，以「**帶著歡心，出於熱心，本著誠心，用心做，恆心做，做到貼心的地步**」為標語，讓同仁不斷分享歡心服務的真實故事，再從中選拔出優秀的得獎者，得獎者可以光榮地走上鋪紅地毯的星光大道，並讓推薦者及得獎者上台分享其背後的歡心故事。

　　六年的連續活動，的確看到同仁更快樂地工作，但總覺得雖然已經有了歡心的因子，卻似乎缺乏一些執行細節的SOP。在一次到日本加賀屋的家庭旅遊，看到飯店送客人到機場，通關後並未立即離開，直到飛機起飛仍在向客人搖國旗送別，讓我體會到加賀屋蟬聯二十七年日本旅館冠軍的祕訣，**其差異化就在「多一小步的服務」**。

2010 年正好是友尚成立三十週年，我們重新檢討友尚的核心價值是什麼。友尚沒有自有產品，沒有訂價權，沒有交貨權，其實擁有的就只有「服務」，**於是進一步把「多一小步服務」當作公司的核心價值，企圖讓公司從 A 到 A+。**

接著就開啟了「多一小步服務」的全員活動，讓公司各部門由下而上討論出其多一小步服務的 SOP。**各部門產出很多流程 SOP，從內部服務的改善，影響到外部客戶的滿意度。**

「歡心多一小步服務」活動成為塑造公司服務及創新文化的重要過程，植入了工作帶著歡心的 DNA，也改善了很多流程，同時產出一些創新流程。

十、樂觀，積極，隨緣

我在服役期間是預備軍官通信兵排長，後來抽中了金馬獎，被派駐金門服役一年四個月，常因長官的無理要求而感到委屈。當時剛好很無聊，就在碉堡門內貼了「嚴以律己、寬以待人」的座右銘，每當碰到不如意事情、想生氣時，就想一個荒謬的理由原諒對方，久而久之發覺生氣的頻率減少了，甚至於不再抱怨或生氣了，**對於事情的看法**

變成了正面思維，這樣的改變進而養成「樂觀、積極、隨緣」的工作態度。

「樂觀、積極、隨緣」的道理其實很簡單，**凡事都朝正面思考，盡最大努力認真地去執行**，最後也許沒成功或失去了，就當作上天註定或上輩子欠人家該還的，也就是古人說的**「盡人事，聽天命」的意思**。但切記要盡最大努力，拚到最後一秒鐘，否則變成輕言放棄、凡事不太計較，就變成了消極的隨緣，也可能去當和尚了。

這個體悟影響我很深遠，在創業過程中碰到非常多不如意的事情，諸如供應商與客戶的不合理要求、掉單、取消代理權、呆帳、呆料、退貨、重要人才流失及員工的種種問題。問題的困難度很高，影響情緒甚鉅，有時甚至於會有打退堂鼓的想法，幸虧有了樂觀、積極、隨緣的體悟，得以順利渡過一切難關。我的心情也始終保持穩定，**樂觀地應付每天的不如意，積極面對問題，挑戰不可能並享受解決問題後的快樂，也更肯定自己存在的價值。**

提供我創業的十大體悟給大家參考，希望對大家有些許幫助。

② 心想事成的五大心法

　　我很幸運，只要起心動念，周遭親朋好友就會把相關資訊或資源轉達給我，讓我順利完成目標。因此有朋友說我是個天生能夠「心想事成」的人，能夠把自己的意念透過腦波傳遞出去，與他人交流產生耦合，讓想做的事如願達成。個人覺得這說法有點「迷信」，因為並不是我面相好也不是腦波上達天聽，我是有採取行動的。

踏破鐵鞋無覓處

　　過去我一度有「斷聲」的情況，講話講到一半突然沒聲音。一連找了三個耳鼻喉科醫生診斷，做了各式精密檢查，都顯示我的聲帶很正常，只是要求半年後再檢查，但我的狀況並沒有任何改善，讓我非常困擾。

262

　　那陣子我每次遇到朋友，就把這問題拿出來講，後來就真的有朋友告訴我，相同毛病也發生在他哥身上，「多唱歌就好了！」我聽從那位朋友的建議，每天回家唱卡拉OK開嗓，唱了兩個星期之後，斷聲的毛病不藥而癒。原來是聲帶「沾黏」的問題，從此我就常到淡水、八里河岸邊騎自行車邊唱歌，同時欣賞山水風景、夕陽夜色，變成生活中一大享受。

　　原本我以為是自己開了太多會議、講太多話，才會斷聲，為了避免惡化，反而刻意少講話，結果適得其反，都沒有改善。

　　這次經驗讓我更相信，碰到問題最好不要閉門造車，否則壓力愈來愈大，最後可能也於事無補。

五「力」全開，心想事成

　　如果只是「心想」，不會「事成」，必須「起而行」，說穿了其實也很簡單，我歸納出五個執行方法，分享給大家。

1. 說出來

　　一定要積極把自己的問題說出來（Speak Out），才可能吸引更多解決問題的回應，或許這次談話的對象沒有適當

的解決方法，可是他會傳遞出去，一傳十，十傳百，能夠幫你解決問題的人總有一天會出現。

舉例說：如果你需要規劃某個方案，又不確定方案是否成熟、可行性如何、預期完成度高不高。這時，不妨把心裡的藍圖或初步想法分享給其他人或請益，能讓你的方案更加完善，或許也會獲得意想不到、更豐富的資源。

當公司缺乏某類人才時，無論去吃飯、打球，我都不會放過機會，會積極詢問周遭人脈是否有人選可以推薦。或者剛好有病痛時，也會主動開口談及狀況，可能就有人跳出來告訴我有什麼治療法子或哪兒有不錯的醫生。

如果不敢說出去，自我封閉，疑惑就會困擾自己很久，甚至永遠找不到答案。所以我強烈建議大家，碰到人就要不畏懼地把需求講出來，**不厭其煩地強調，不斷傳播，這樣解決方案可能某天就會在某處出現了。**

2. 做功課

心想事成最重要的關鍵在於自己，所以並不是把需求講出來就好了，自己該做的基本功不能偷懶。一旦有了目標與想法，自己必須用心，積極搜集相關資訊，而且努力聯繫一切可以接觸的管道，挖掘任何可能相關的線索。也就是說，

不能只是動口而不動手，**唯有自己把工夫做足了，「心想」才能發揮自助、人助而後天助的連鎖效應。**

3. 走出去

當你工作或生活遇到瓶頸與困擾，心生煩悶之際，或是正在進行中的方案卡關，不得其解時，**就要走出去（Go Out），拜訪之前建立起來的人際網絡，透過分享、請益，尋求突破或解決方案。**

其實平日就該養成願意與他人分享、交流、請益的習慣，透過各種機會、行程，積極地與人群互動。

4. 廣結緣

我常跟剛創業或接班的年輕朋友說，如果已經加入了不錯的組織或社團，平時就要多參與各種活動，包括聚會、餐會、讀書會，還有客戶的展覽、研討會、球敘，認識不同領域、專長的朋友，廣結善緣。

在上述各種場合裡，**也不能光是被動「參加」，以為人出現在那裡就好，而應該主動「參與」，拿出熱情認真交流，**例如主動招呼、微笑、舉杯敬酒、開口聊天，盡量說出自己想做的事情，看看是否與別人的資源有合作機會。

這時候請發揮敏銳的嗅覺，「聞」出往後適合往來、連絡的對象，讓未來產生更多連結。

為什麼說「參與」，而不是「參加」呢？**參加者被動，人在不一定心在，但是參與者可能會提早到場**，與活動方及重要來賓先行對話暖身，多了解活動的各種面向，**並主動擴大與其他參與者的互動網絡**。

另外，當我們遇到活動邀約時，例如研討會或婚禮，可能會預設立場，以目的性或來賓名單（有自己想認識的人）來決定要不要參加，而且最好是跟認識的朋友坐在同一桌。**但我認為如果預設這樣的立場，反而會失掉很多機會**，因為如果能認識陌生的朋友反而更好，這才是真的廣結善緣。

5. 樂助人

想要心想事成，平日結善緣的心就不可少，**適度「雞婆」（熱心），主動關心別人**，一有機會接收到別人的問題，也應該盡心盡力協助解決。如果自己沒有能耐，也要幫忙傳播出去，讓別人的問題與需求可以得到助力。

以上這五個習慣都不難養成，也正是我屢試不爽的訣竅。只要是我心之所向的事情，總會透過各種管道找資源、積極對外傳遞出去，也因此，往往相隔一週就會跑出我需

要的資源。

廣結善緣，無心插柳柳成蔭

記得有次打高爾夫球，每組四人，我這組都是認識的球友，但球敘後的晚宴時間，其他三人有事必須先離開。我改坐另一桌，面對的幾乎都是不認識的球友。

同桌有個贊助商，大方分送每人一罐即食燕窩，我發現正是以前聽過的燕窩品牌。老闆很會經營會員，採用免費試吃的體驗行銷模式，把試吃者變成消費者，當消費達到一定門檻便升級為會員，這些吸納客人的方法都沒有花到廣告費。這個成功的行銷模式早已經納入我的教案內容。

當下我馬上拿出手機，把與他相關的教案內容秀給對方看，於是對方很高興，也特別告訴我，有次他在某個活動上讓與會者免費體驗，沒想到很多人「一吃成主顧」，紛紛加入會員，才讓他發現這個模式很有用，其實是無心插柳的成果。

我也同時分享自己吃養生食品的心得，兩人就這樣聊得很愉快。我更進一步介紹自己熟悉的一家養生食品業者「鱘寶」，覺得他們的品牌訴求很類似，雙方應有合作、聯賣機

會，對方也很樂意。

回想起來，當天我參加餐敘，**不因為落單而選擇離席，繼續留下來用餐，面對一桌的陌生朋友也不抱預設立場，才遇到了可以學習交流的對象。加上我自己平常有「做功課」**，腦子裡記得這個品牌，手機裡也存了簡報檔，於是主動交流，更進一步幫忙媒合，不斷串起善緣，自然而然滾出讓彼此心想事成的機會。

小結

「心想事成」這種事太過玄妙，我個人的看法其實是：唯有透過執行力，身體力行去做、去積極促成，才會在經過一連串碰撞之後，讓事情圓滿達成。

國家圖書館出版品預行編目 (CIP) 資料

商學院沒教的 30 堂創業課 / 曾國棟原著・口述；徐谷楨採訪整理. -- 初版. -- 臺北市：
商周出版：家庭傳媒城邦分公司發行, 2019.08
　　面；　　公分
ISBN 978-986-477-693-1（平裝）

1. 創業　2. 企業管理

494.1　　　108010722

BW0718
商學院沒教的 30 堂創業課

原 著 ・ 口 述／曾國棟
採 訪 整 理／徐谷楨
責 任 編 輯／鄭凱達
企 劃 選 書／陳美靜
版　　　權／黃淑敏、翁靜如
行 銷 業 務／莊英傑、周佑潔、王　瑜、黃崇華

總　編　輯／陳美靜
總　經　理／彭之琬
事業群總經理／黃淑貞
發　行　人／何飛鵬
法 律 顧 問／元禾法律事務所王子文律師
出　　　版／商周出版
　　　　　　臺北市中山區民生東路二段 141 號 9 樓
　　　　　　電話：(02)2500-7008　傳眞：(02)2500-7759
　　　　　　E-mail：bwp.service @ cite.com.tw
發　　　行／英屬蓋曼群島商家庭傳媒股份有限公司　城邦分公司
　　　　　　台北市 104 民生東路二段 141 號 2 樓
　　　　　　讀者服務專線：0800-020-299　24 小時傳眞服務：(02)2517-0999
　　　　　　讀者服務信箱：service@readingclub.com.tw
　　　　　　劃撥帳號：19833503　戶名：英屬蓋曼群島商家庭傳媒股份有限公司城邦分公司
訂 購 服 務／書虫股份有限公司客服專線：(02) 2500-7718；2500-7719
　　　　　　服務時間：週一至週五上午 09:30-12:00；下午 13:30-17:00
　　　　　　24 小時傳眞專線：(02) 2500-1990；2500-1991
　　　　　　劃撥帳號：19863813　戶名：書虫股份有限公司
　　　　　　E-mail：service@readingclub.com.tw
香港發行所／城邦（香港）出版集團有限公司
　　　　　　香港灣仔駱克道 193 號東超商業中心 1 樓
　　　　　　電話：(825)2508-6231　傳眞：(852)2578-9337
　　　　　　E-mail：hkcite@biznetvigator.com
馬新發行所／城邦（馬新）出版集團 Cite (M) Sdn Bhd
　　　　　　41, Jalan Radin Anum, Bandar Baru Sri Petaling,
　　　　　　57000 Kuala Lumpur, Malaysia.
　　　　　　電話：(603)9057-8822　傳眞：(603)9057-6622　email: cite@cite.com.my

封 面 設 計／劉克韋
作 者 照 片／台北市進出口商業同業公會
內頁設計·排版／豐禾設計
印　　　刷／韋懋實業有限公司
經　銷　商／聯合發行股份有限公司　電話：(02) 2917-8022　傳眞：(02) 2911-0053
　　　　　　地址：新北市新店區寶橋路 235 巷 6 弄 6 號 2 樓

2019 年 8 月 8 日初版 1 刷　　　　　　　　　　　　　　　　Printed in Taiwan
2023 年 6 月 9 日初版 5.4 刷

城邦讀書花園
www.cite.com.tw

商周出版

讀者回函卡

感謝您購買我們出版的書籍！請費心填寫此回函卡，我們將不定期寄上城邦集團最新的出版訊息。

不定期好禮相贈
立即加入：商周
Facebook 粉絲團

姓名：_____ 性別：□男　□女

生日：西元_____年_____月_____日

地址：_____

聯絡電話：_____ 傳真：_____

E-mail：

學歷：□ 1. 小學 □ 2. 國中 □ 3. 高中 □ 4. 大學 □ 5. 研究所以上

職業：□ 1. 學生 □ 2. 軍公教 □ 3. 服務 □ 4. 金融 □ 5. 製造 □ 6. 資訊

　　　□ 7. 傳播 □ 8. 自由業 □ 9. 農漁牧 □ 10. 家管 □ 11. 退休

　　　□ 12. 其他_____

您從何種方式得知本書消息？

　　　□ 1. 書店 □ 2. 網路 □ 3. 報紙 □ 4. 雜誌 □ 5. 廣播 □ 6. 電視

　　　□ 7. 親友推薦 □ 8. 其他_____

您通常以何種方式購書？

　　　□ 1. 書店 □ 2. 網路 □ 3. 傳真訂購 □ 4. 郵局劃撥 □ 5. 其他_____

您喜歡閱讀那些類別的書籍？

　　　□ 1. 財經商業 □ 2. 自然科學 □ 3. 歷史 □ 4. 法律 □ 5. 文學

　　　□ 6. 休閒旅遊 □ 7. 小說 □ 8. 人物傳記 □ 9. 生活、勵志 □ 10. 其他

對我們的建議：_____

_____

_____